GEOMETRIA DESCRITIVA

Livros do autor

A Invenção do Projeto

ISBN: 978-85-212-0007-9
132 páginas

A Perspectiva dos Profissionais

ISBN: 978-85-212-0542-5
164 páginas

Desenho Arquitetônico

ISBN: 978-85-212-0291-2
176 páginas

Desenho de Projetos

ISBN: 978-85-212-0426-8
128 páginas

Geometria Descritiva - Vol. 2

ISBN: 978-85-212-0919-5
120 páginas

Inteligência Visual e 3-D

ISBN: 978-85-212-0359-9
96 páginas

www.blucher.com.br

Gildo Montenegro

GEOMETRIA DESCRITIVA

Volume 1
2ª edição

Geometria descritiva, volume 1
© 2015 Gildo A. Montenegro
1ª edição – 1991
2ª edição – 2015
1ª reimpressão – 2018
Editora Edgard Blücher Ltda.

Blucher

Rua Pedroso Alvarenga, 1245, 4º andar
04531-934 – São Paulo – SP – Brasil
Tel.: 55 11 3078-5366
contato@blucher.com.br
www.blucher.com.br

Segundo o Novo Acordo Ortográfico, conforme 5. ed. do *Vocabulário Ortográfico da Língua Portuguesa*, Academia Brasileira de Letras, março de 2009.

É proibida a reprodução total ou parcial por quaisquer meios sem autorização escrita da editora.

Todos os direitos reservados pela Editora Edgard Blücher Ltda.

Dados Internacionais de Catalogação na Publicação (CIP)
Angélica Ilacqua CRB-8/7057

Montenegro, Gildo A.
  Geometria descritiva – Volume 1 / Gildo A. Montenegro. – 2. ed. – São Paulo: Blucher, 2015.

ISBN 978-85-212-0981-2

1. Geometria descritiva I. Título

15-1106   CDD 516.6

Índice para catálogo sistemático:
1. Geometria descritiva

Capítulo 1

Muitos livros começam com uma introdução; este é exceção. Mas BULA é de remédio! Pois este livro pretende exatamente remediar o ensino, que andou mal e, em alguns lugares, começa a se recuperar. Vamos à bula:

COMPOSIÇÃO – O livro é composto de várias poções informativas e sintetiza teoria, História, problemas e exercícios. O problema mais difícil é fazer o leitor comprar o livro.

PROPRIEDADES – O livro atua sobre o ensino, particularmente sobre o lado intuitivo que, em geral, vem sendo pouco utilizado, embora a intuição revele o melhor lado de muitas pessoas.

INDICAÇÕES – É especificamente indicado para iniciar a aprendizagem da representação tridimensional, pois leva o paciente a ver imagens no espaço e não a decorar desenhos, situação cujo efeito dura até o dia da prova, no máximo.

POSOLOGIA – Por se tratar de remédio natural, será aplicado conforme a disposição do aluno. As doses podem ser diárias, devendo ser reduzidas durante as férias, salvo disposição expressa do aluno.

TOLERABILIDADE – Registram-se casos de intolerância, não às lições e exercícios e, sim, aos fragmentos de humor discreto por parte de pessoas ortodoxas e de onfalópsicos (ver dicionário!). Até o 7º mês da gravidez pode ser usado em exercícios de prancheta; depois disso, mulheres grávidas e senhores graves, de sisudez absoluta, devem se abster de usá-lo. Os dois; o livro e a sisudez.

CONTRAINDICAÇÃO – O livro não deve ser dado a mastodontes e fósseis do ensino, ambos incapazes de digeri-lo.

EFEITOS COLATERAIS – O livro é bem tolerado, mesmo em altas doses, o que não ocorre com o autor. Não há registros de efeitos deletérios, mesmo em pacientes idosos.

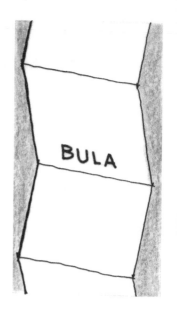

PRECAUÇÕES – O livro deve ficar fora do alcance de crianças de menos de 10 anos, embora possa ser folheado sem riscos... desde que não tenham lápis nas imediações. Em hipótese alguma emprestar o livro, explicando que ele está à venda nas livrarias e na editora.

Realmente, a Descritiva precisa de remédios fortes, talvez mesmo uma cirurgia para cortar alguns apêndices; há ideias a serem detalhadas adiante. Acredito que o livro, por não limitar-se a explanações teóricas, BULA com pessoas; que faça o leitor sentir alguma coisa, como emocionar-se com belos desenhos, pois a Descritiva não deve ser um monstro intelectual, frio, seco, sem vida, um monte de **DE...MONSTR**ações... pura rotina; triste sina. Não posso imaginar um ensino assim.

Pois este é um livro com novas ideias, e não apenas uma tentativa de vestir roupa nova numa velha Ciência. Quero ver nas salas uma Descritiva enxuta, alegre, dinâmica. Uma Descritiva, ou representativa, do e para o nosso tempo.

Seguiremos, então, por um novo caminho; devagar, de bicicleta. E por falar em bicicleta...

A DIMENSÃO ESPACIAL DA DESCRITIVA

... ainda não conheci alguém que tenha dominado a habilidade para andar de bicicleta em um único dia.

O que tem isto a ver com Geometria Descritiva? A semelhança é que a aprendizagem da GD (daqui por diante usaremos esta abreviatura), como a habilidade para andar de bicicleta, não se adquire em poucas horas; a segurança e a perícia vêm com o tempo e a prática. Se o domínio pode vir com a aplicação constante, a compreensão da GD não pode esperar. Daí surgem obstáculos:

1. O sistema diédrico de representação, por se tratar de uma forma de raciocínio e de expressão novos, é diferente de tudo aquilo que se viu ou estudou e não pode ser engolido abruptamente. Em GD, falamos de um ponto e desenhamos três (projeções); falamos de um plano e desenhamos duas retas. Quem está começando o estudo necessita de tempo para adaptar-se a esta linguagem nova.

2. Exige-se visão espacial, isto é, uma síntese, a fim de solucionar os problemas. No entanto, a representação se fará em duas ou mais vistas (projeções) por procedimento analítico. Essa alternância do global para o analítico (projeção) tende a gerar confusão; no mínimo, atrasa o raciocínio do aprendiz.

3. Um terceiro obstáculo está na visão humana. A imagem que vemos dos objetos assemelha-se à perspectiva ou projeção cônica, bastante diferente da projeção ortogonal diédrica, que é uma abstração.

A soma destes três aspectos fez a GD ser vista como uma disciplina abstrata, artificial, difícil. São conceitos formados ao longo de muitos anos e, diga-se a verdade, reforçados por um ensino que não considerou o mecanismo da mente humana.

De longa data, bem antes de Piaget e de Kant, sabe-se que a mente humana funciona do particular para o genérico. Embora os psicólogos e neurocientistas demorassem a provar o fato, nem assim o ensino foi modificado. São raros os livros e professores que adotam a mecânica do pensamento – do concreto para o abstrato – e muitos programas jamais se ligaram ao mundo real. Como consequência, a eliminação do Desenho no ensino do 1º e do 2º graus tornou-se inevitável.

Outra falha no ensino vem da projeção ortogonal que – já dissemos – difere da visão humana, mais próxima da perspectiva cônica. Sabemos que a Perspectiva é coerente com a GD, entretanto os desenhos feitos nestes sistemas de representação apresentam resultados diferentes. Para ser lida, a perspectiva cônica exige treinamento; a Perspectiva, porém, mais assemelhada à nossa visão, é entendida sem preparo prévio do observador. Daí que os livros de GD costumam apresentar figuras em Perspectiva a fim de esclarecer as soluções propostas antes que elas sejam representadas no sistema mongeano.

Os textos e as aulas de GD exploram essa compatibilidade entre a visão humana, o raciocínio espacial e a perspectiva; os desenhos, quando representam bem a solução, não permitem obter respostas a problemas métricos. Tradicionalmente opera-se, pois, com soluções visualizadas em perspectiva e resolvidas no sistema mongeano. Contudo, esta dualidade gráfica não tem razão de ser, como será mostrado, ela se origina do fato de a perspectiva não resolver problemas métricos. É generalização que não considera casos particulares, uma vez que nem **TODAS** as perspectivas são assim. Nas perspectivas paralelas, medidas paralelas aos eixos não se deformam, embora os ângulos sejam alterados. Já na perspectiva cavaleira, estas deformações não acontecem em um dos planos; contudo, a apresentação convencional, com uma face frontal ao observador, não se presta ao que pretendemos.

Em livro publicado em 1983 (*A Perspectiva dos Profissionais*, ver p. 126), chamávamos atenção para o efeito visual da perspectiva cavaleira quando desenhada com pequeno giro. Vimos, posteriormente, projetos arquitetônicos em livros e em revistas divulgando esta disposição, que revivia autores bem antigos, como Choisy.

O ensino tradicional da GD era centrado na terminologia e na axiomática, como estrutura dedutiva da Geometria. A ênfase no processo dedutivo leva a uma visão estreita da Geometria e limita sua possibilidade de expressar a criatividade e a habilidade manual. Daí a considerar a Geometria como chata e estéril é um passo, e nele morre o processo indutivo na Matemática.

Ao contrário do que se vinha fazendo, este livro dá ênfase ao trabalho manual (desenho e maquetes) e à abordagem de aspectos criativos dos assuntos. Ele vai além do remanejamento de velhos assuntos e apresenta ideias novas.

O trabalho manual, que foi o ponto de partida da evolução que levou o homem pré-histórico do nível do símio para o do pensador, deve ser encorajado no ensino, em todos os níveis. A tecnologia é um meio, não a finalidade. Trabalhos individuais ou em grupo devem ser valorizados e estimulados, quer sejam feitos com materiais caros ou com utilização de sucata e de produtos da natureza.

Neste tipo de trabalho, deve-se:

1. Formular perguntas que façam pensar.

2. Saber que a aprendizagem também se faz nos erros.

3. Lembrar que uma boa pergunta vale tanto quanto uma reposta correta.

4. Encorajar o estudante a olhar as coisas, a tirar suas conclusões, a formular hipóteses. Em outras palavras: procura-se criar um detetive da ciência.

Cabe ao professor apresentar alternativas às propostas dos alunos/as, simplificando ou ampliando os exercícios, considerando o nível do curso.

Insistimos no fato de que a Geometria relaciona-se com a Natureza, a Arte, a Tecnologia e o pensamento matemático.

Mais do que dar respostas a problemas, a Geometria deve servir como meio para o ensino de algo sobre um assunto envolvendo o aluno com o mundo real.

O texto não tem como alvo formar doutores ou filósofos. Ficarei satisfeito se o leitor abrir sua mente, se realizar os exercícios com a curiosidade de uma criança, se passar a se interessar pela Geometria ou se desenvolver sua habilidade para construir maquetes. Daí virá, certamente, a confiança para **CRIAR SUAS IDEIAS**.

Explorar este recurso no ensino será nossa contribuição para melhorar o panorama didático da GD. Aqui não há nada de novo sob o sol! Apenas uma apresentação intuitiva e visual de uma velha ciência.

O leitor observará a amplitude do conceito que apresentaremos, inclusive sua **compatibilidade** com …

1. … a teoria da GD e, portanto, com Perspectiva e com Desenho Técnico.

2. … as teorias da Geometria Analítica e da Trigonometria.

3. … a Computação Gráfica, permitindo obter vistas ortogonais a partir da anulação, na figura do espaço, de uma das três ordenadas, sendo o processo reversível (vistas > perspectivas ou perspectivas > vistas).

4. … a Geometria Projetiva.

OS FINS E ...

Capítulo 2

A GD tem por objetivos:

1. A representação de figuras no espaço, a fim de...

2. ... estudar sua forma, dimensões e posição.

Para alcançar estas finalidades, ou estes fins, a GD utiliza um sistema de projeções elaborado por Gaspard Monge, daí ser chamado de sistema mongeano, também conhecido como ortogonal ou diédrico.

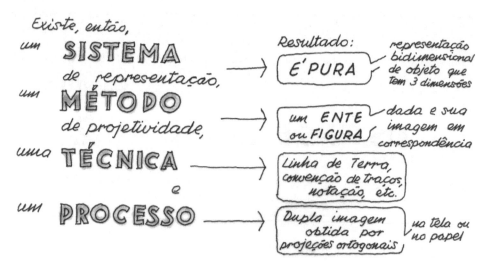

Deve-se, portanto, evitar o uso das expressões "método de rotação" ou "método de rebatimento", pois se tratam de meros ARTIFÍCIOS criados para simplificar a solução de problemas.

A GD é a **base teórica** de numerosas aplicações profissionais que vão da Engenharia à Arquitetura, bem como Desenho Industrial ou Design, Pintura, Escultura e muitas outras. É difícil encontrar uma atividade humana que não faça uso do Desenho, plano ou espacial, para visualizar algumas de suas aplicações.

A GD se presta para desenvolver a habilidade de imaginar objetos ou projetos no espaço e não apenas a leitura ou interpretação de desenhos. Algumas profissões exigem a capacidade de pensar em três dimensões, e sem este tipo de pensamento, mais a habilidade de transportá-lo para o desenho, é impraticável a criatividade, a inteligência para criar soluções.

Assim, o objetivo primordial deste livro não é ensinar a teoria da GD, já que existem boas obras que cuidam disto, mas mostrar como a base teórica da GD permite a expressão gráfica de ideias. Quem endossa este ponto de vista é um dos grandes matemáticos brasileiros, M. Amoroso Costa, ao escrever: "O homem vê, antes de compreender e demonstrar". Mais: um dos raros filósofos da GD, o professor Felipe dos Santos Reis, afirma que "o estudo do novo possui uma fase em que se vê o sentimento para depois revesti-lo da lógica científica e finalmente, em redação fácil, para divulgação."

Em resumo: primeiro o sentimento, depois a lógica. Elementar! Mas há quem não queira ver... A criação ou geração de ideias, como estimulá-las e desenvolvê-las, encontra-se em nossa obra *A Invenção do Projeto*.

... OS MEIOS

Capítulo 3

O sistema de representação mongeano tem características próprias que o diferenciam, por exemplo, do sistema cotado ou Geometria Cotada, do sistema axonométrico e do sistema cônico. Ao mesmo tempo, há elementos comuns a todos estes quatro sistemas de representação gráfica, como é caso do conceito de projeção.

Uma noção intuitiva do que seja **projeção** é imaginarmos um objeto (ente) e sua representação. A figura abaixo mostra uma correspondência biunívoca entre o objeto (flor) e a imagem desenhada, de modo que a cada ponto da imagem corresponde um outro na flor e vice-versa.

Este tipo é chamado de projeção cônica, central ou polar e é a base da perspectiva geométrica. O conceito, abstraída sua formulação teórica, é intuitivo e bastante antigo, como veremos adiante.

Esta rosa é homenagem a Dona Ná, uma forte e humilde professora de cidadezinha do interior, que alfabetizou um menino de engenho: eu...

Temos aqui a imagem (perspectiva cônica) de uma poltrona. Esta representação, satisfatória para fins artísticos, não permite determinar medidas, muito menos saber quantos metros de tecido serão gastos para forrar a cadeira ou quanta madeira é necessária para fabricá-la. Para finalidades técnicas ou industriais, há outro sistema de representação, mais adequado. Vamos ver o que se entende por projeção.

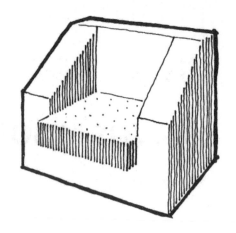

Projeção vem de PROJETAR, que o dicionário define, em uma de suas acepções, como atirar longe, arremessar, lançar uma coisa sobre uma superfície.

Imaginemos uma cadeira no alto e agora lançada sobre o piso ou plano horizontal. Admitindo que o choque não deforma a cadeira, ela ficaria como na imagem ao lado.

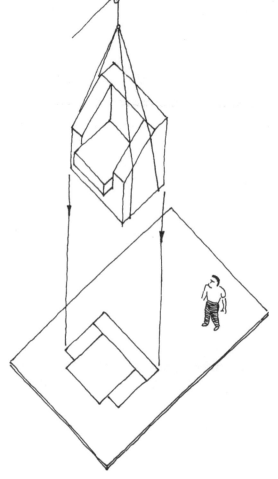

Esta é a imagem ou projeção da cadeira sobre o plano horizontal.

... os meios

Podemos dizer que a imagem foi obtida a partir de um feixe de raios paralelos (na linguagem matemática, os raios são **retas projetantes de centro no infinito**) que passa por cada um dos pontos da cadeira (objeto), projetando-a sobre o plano horizontal de projeções (imagem).

A mesma imagem ou projeção pode ser obtida diferentemente do conceito de lançar, arremessar; basta considerar o objeto fixo e o observador colocado no alto.

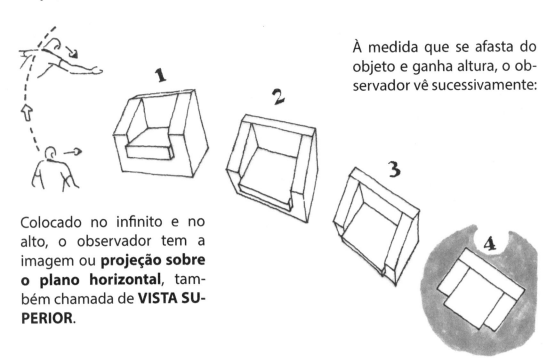

À medida que se afasta do objeto e ganha altura, o observador vê sucessivamente:

Colocado no infinito e no alto, o observador tem a imagem ou **projeção sobre o plano horizontal**, também chamada de **VISTA SUPERIOR**.

Este conceito de projeção ou VISTA pode ser generalizado para qualquer outro plano. Considerando um plano vertical (não mais o horizontal), as projeções seriam:

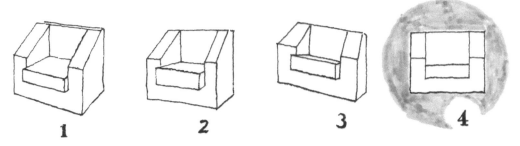

Colocado no infinito, o observador tem a **projeção sobre um plano vertical** ou **VISTA FRONTAL**.

11

Geometria Descritiva

Na antiguidade, arquitetos e outros profissionais conheciam estas imagens ou projeções sobre os planos horizontal e vertical. Entretanto, as imagens eram independentes entre si, conforme ilustração ao lado.

Vemos no esboço ao lado – baseado em projetos da época – que a largura da catedral nas duas imagens é diferente, ou seja, L1 ≠ L2. Essa discordância de larguras nos dois desenhos era comum antes da formulação teórica da GD feita por Gaspard Monge.

Ele foi o primeiro a organizar as duas imagens em um conjunto formado por planos perpendiculares entre si, como pode ser observado ao lado.

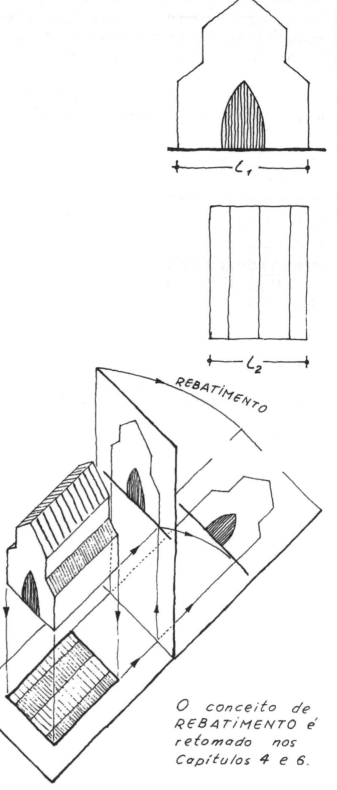

O conceito de REBATIMENTO é retomado nos Capítulos 4 e 6.

REBATIMENTO

Ao deitar (rebater) o plano frontal sobre o horizontal temos um plano único que corresponde à folha do desenho. É indiferente considerar que o plano horizontal recebe o plano frontal rebatido ou admitir o desenho feito no plano vertical e, sobre ele, rebater o plano horizontal.

A reta que corresponde ao encontro ou interseção dos planos de projeção tem o nome de **Linha de Terra**. Os dois planos de projeção formam quatro ângulos diedros ou porções de espaço.

Alguns objetos não ficam suficientemente definidos por duas projeções; neste caso, recorre-se a um terceiro plano de projeções, que é perpendicular aos dois anteriores e recebe o nome de **Plano de Perfil** ou **VISTA LATERAL** (nosso livro *Desenho Arquitetônico* mostra outros planos utilizados no Desenho Técnico em geral). O plano de perfil será igualmente rebatido sobre o plano do desenho.

Quando um objeto é projetado perpendicularmente sobre um plano, suas imagens recebem o nome genérico de Projeções ou Vistas Ortogonais; fachadas ou elevações são termos específicos de Arquitetura para tais projeções. A projeção horizontal ou vista superior pode ser chamada de planta de coberta nos desenhos de edificações.

Geometria Descritiva

O desenho abaixo dá ideia do conjunto destas vistas e planos de projeção; nele acrescentamos, à esquerda, uma perspectiva cônica e, na parte superior, uma perspectiva axonométrica do tipo isométrico.

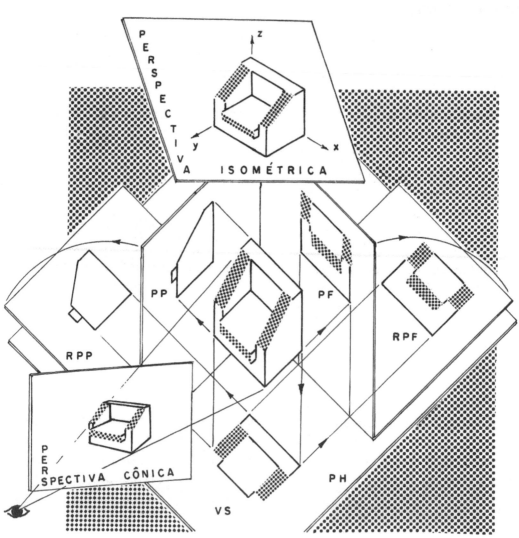

Legenda

PP – Plano de Perfil
PF – Plano Frontal
PH – Plano Horizontal

RPP – Rebatimento do Plano de Perfil
RPF – Rebatimento do Plano Frontal
VS – Vista Superior

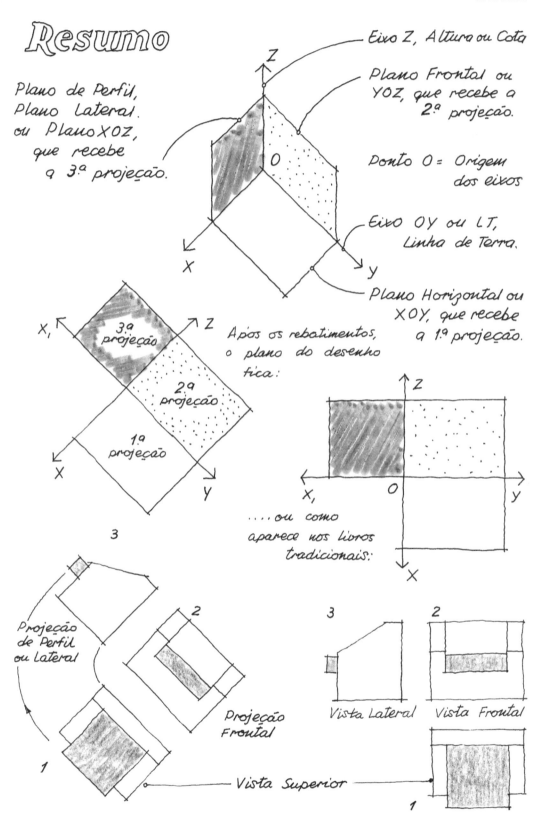

Capítulo 4

REBATIMENTO

Rebatimento é um conceito habitualmente tratado sob o ponto de vista racional e teórico. Vamos abordá-lo primeiramente como História. Sim, com H maiúsculo. Precisamos, para isso, recuar no tempo muitos milênios até chegarmos à Pré-história, mais precisamente ao chamado Período Aurinhacense, há aproximadamente 40 mil anos.

O homem aurinhacense talvez tenha sido o primeiro a fazer arte não aplicada; enquanto seus antecessores, e ele próprio, cuidavam de aperfeiçoar, de polir, de suavizar as formas de seus objetos cotidianos, o aurinhacense fez traços isolados na argila, imprimiu a mão em processo negativo (colocada a mão sobre uma superfície, joga-se a tinta; ao retirar a mão, vê-se gravada a imagem em negativo) ou positivo (a mão é lambuzada de tinta e calcada sobre a superfície; este carimbo primitivo iria dar origem a uma futura casta de burocratas altamente prolífica). O homem aurinhacense fez, ainda, gravuras na pedra e os chamados "macarrões" – traços paralelos e curvos em grupos de dois ou três –, os dedos calcados na argila úmida ou gravados na pedra.

O domínio da expressão gráfica levou o homem pré-histórico a representar animais, gravados ou pintados na pedra. São grafismos e pinturas que mostram a Arte em sua expressão mais pura e bela: encontramos nestas pinturas parietais o que alguns paleontólogos chamam de "vistas de 3/4", "perspectiva torcida", "realismo visual ou intelectual".

Não há dúvida de que os artistas pré-históricos fizeram perspectivas (não torcida, sequer distorcida)... sem conhecer coisa alguma da teoria geométrica. Que formidável intuição e poder de observação!

O touro abaixo dispensa interpretações: é uma autêntica perspectiva, que nada tem de "vista" ou elevação e, muito menos, de 3/4 ou 2/3, como querem alguns paleontólogos.

DESENHO DE 3/4.
TOURO AURINHACENSE.
GRUTA DE LASCAUX, FRANÇA

O bisão mugindo está representado de perfil ou vista lateral, mas seu olho e o casco de três patas aparecem vistos de frente. Isto não é uma questão de perspectiva e nem a imagem está torcida: trata-se de uma superposição de vistas; vistas frontais sobrepostas à vista lateral.

REBATIMENTO
ALTAMIRA, ESPANHA

Aqui está um exemplo do "realismo visual". Trata-se do perfil ou contorno do animal em 1° plano, sobreposto a um segundo plano, que contém os órgãos internos, como uma espécie de radiografia.

DESENHO DE VÍSCERAS

É importante assimilar a ideia da superposição, um plano por cima de outro. Consideremos que existe um plano horizontal com o perfil do animal e outro, transparente, onde estão desenhados os órgãos internos. Agora, deitamos o plano transparente sobre o horizonte e ficamos com uma figura única. Esta operação de fazer cair, sobrepondo um plano sobre outro, é o conceito do rebatimento.

O termo francês é *rabattement*, que vem de *rabattre*: baixar, abater, fazer cair. Acreditamos que o termo tenha sido mal traduzido, pois rebatimento, em português, vem de **rebater**, que significa tornar a bater, repelir, desmentir (a menos que se considere rebater com o significado de bater novamente). Assim, a projeção do objeto seria a primeira batida, choque ou lançamento, e o cair deste plano de projeções sobre o plano do desenho seria o bater novamente, rebater.

O conceito de rebater é, enfim, tão antigo como simples. Mas, suponhamos que o leitor discorde dessa explicação do plano transparente deitado sobre o horizontal, por considerar a ideia *muito elaborada* para o homem pré-histórico. Dirá este leitor que o conceito do rebatimento na GD parece tão teórico e intelectual que alunos de hoje – intelectualmente melhor dotados do que o homem aurinhacense – têm dificuldade de apreendê-lo.

Na verdade, o conceito é simples e foi tornado complicado e mistificado, talvez mitificado, para que alguns falsos "mestres" pareçam inteligentes. A prova definitiva está na próxima figura, o desenho de uma criança de 6 anos.

REBATIMENTO EM DESENHO INFANTIL. RIO DE JANEIRO, RJ

Vamos destrinchar a figura, começando pelo avião, ainda que, provavelmente, a criança ignore a teoria da perspectiva.

Então ela desenha (vê) uma vista lateral do avião...

...e uma vista superior...

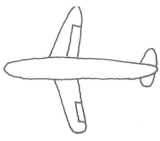

Geometria Descritiva

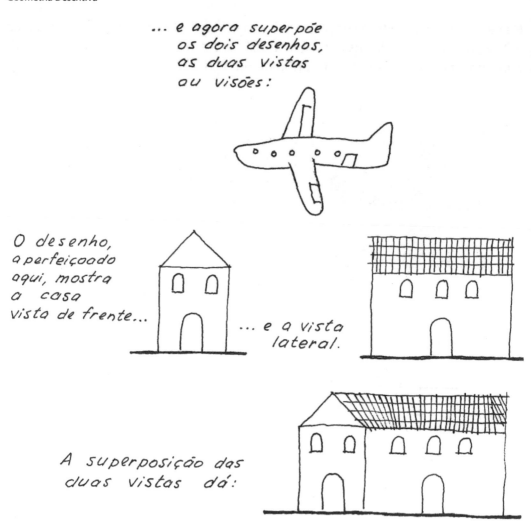

Se o leitor continua a duvidar e prefere algo mais intelectual, por favor, estude a pintura cubista de Picasso, suas visões múltiplas e simultâneas da mesma figura, a introdução da noção do tempo na pintura. Isso, em última análise, vem a ser a mesma ideia da criança ao desenhar a casa. Intuição pura! As interpretações da obra de Picasso podem ser altamente elaboradas, intelectualizadas e racionais; no entanto, o pintor – convém não esquecer – era um gênio e, como tal, era um ser mais intuitivo e emotivo do que racional e intelectual. Diremos, em resumo, que Picasso repintou (reelaborou) na tela o conceito da superposição de vistas da pintura pré-histórica e do desenho infantil.

Tivemos de dar um salto da Pré-história para a época atual. Precisamos, contudo, mostrar que a ideia do rebatimento persistiu ao longo de todo esse intervalo de tempo e deixou marcas em diversos locais e culturas.

No período neolítico, por exemplo, que vai de 8.000 a 3.000 anos A.C., aproximadamente, uma gravura feita na região de Estremadura, na Espanha, mostra uma carroça: um estrado ou base feita de pranchas com duas rodas. Para mostrar isso, o artista desenhou o plano das rodas (vertical) rebatido sobre o plano horizontal do estrado.

"Outro exemplo é a conhecida estátua da Babilônia (3º milênio antes de Cristo, hoje no Museu do Louvre) que representa o "Arquiteto com a Planta" – este é o seu título, assim como o de Estátua de Gudea. Trata-se de um homem sentado e tendo sobre suas pernas um rolo aberto, algo que lembra um tecido ou papiro, onde aparece o traçado da planta de um templo ou palácio. O precursor (quem sabe?) de mansões e mordomias, numa época em que não havia chapa branca nem cartões de crédito grátis. A planta da estátua, no entanto, traduz muito bem a ideia comum do Desenho Técnico e da Geometria Descritiva – a projeção sobre um plano!" (trecho do nosso livro *Didática da Geometria Descritiva*).

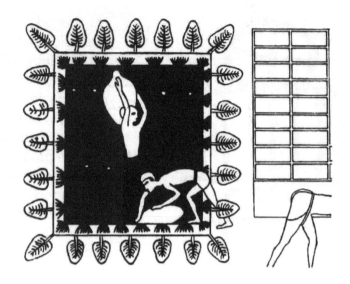

Outro desenho, feito em Tebas, no Egito, cerca de 1.500 anos A.C., mostra claramente o conceito de rebatimento. Acima e à direita, um pedreiro prepara argamassa, logo abaixo de uma parede de tijolos. Dois homens, à esquerda, recolhem a água barrenta de um poço quadrado ladeado de árvores. Essas árvores estão rebatidas sobre o chão, como mostra a perspectiva – uma interpretação da gravura em perspectiva cônica.

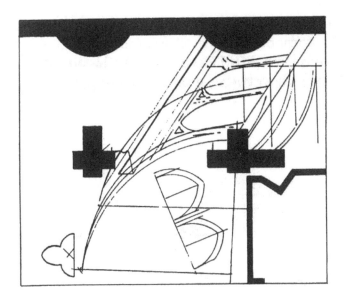

REBATIMENTO EM GRAVURA GÓTICA. CATEDRAL DE LIMOGES, FRANÇA Ca. 1300

Dando um salto no espaço e no tempo, chegamos ao ano de 1300; estamos na Idade Média, na Catedral de Limoges, na França. O desenho acima mostra um trecho da planta vendo-se na parte superior (áreas escuras) a parede de fechamento com pilastras no interior e, mais abaixo, a nave lateral limitada por dois pilares em forma de cruz e uma parede divisória, em baixo e à direita. No piso das naves central e lateral estão riscados os rebatimentos que orientaram a construção das janelas e dos arcos botantes da catedral. Esses arcos e janelas situam-se no plano vertical e estão desenhados (ou melhor, gravados), por meio de rebatimento, no plano horizontal do piso; deduz-se, assim, que os arquitetos góticos tinham o domínio do rebatimento.

Cerca de sete séculos mais tarde, o arquiteto catalão Antonio Gaudí descobriu que os arquitetos góticos possuíam também avançados conhecimentos acerca do comportamento estrutural das ogivas e dos arcos botantes. Gaudí mostrou, ainda, que este conhecimento, empírico e puramente intuitivo, era, contudo, tecnicamente correto.

O desenho abaixo reproduz o projeto feito em 1460 pelo arquiteto italiano Filarete para a cidade estelar de Sforzinda, na Itália. Na vista superior, ou plano horizontal, aparecem um rio e o esquema da cidade: dois quadrados de vértices A até H; rebatidas sobre este plano estão árvores e montanhas.

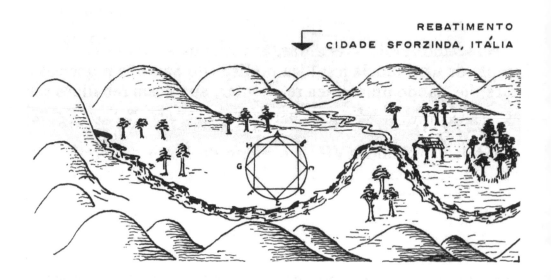

No século XVII, o rebatimento continua a ser usado. Temos o exemplo de uma aldeia jesuítica no Espírito Santo, em que casas e igrejas, formando uma praça retangular, aparecem rebatidos sobre os lados do retângulo, tal como vimos no desenho dos pedreiros egípcios (ver p. 22).

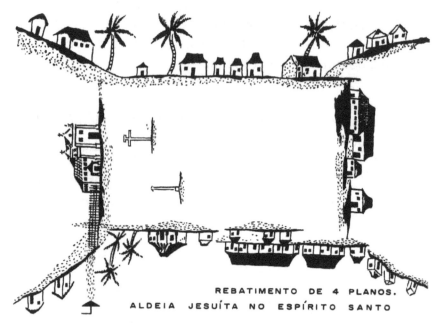

Também do século XVII é o mapa do Porto do Recife e Vila D'Olinda (cerca de 1630). Os três rios – Afogados, Capibaribe e Beberibe, este sem nome, à direita – que desembocam no porto, estão desenhados no plano horizontal. No plano vertical, rebatido sobre o terreno, estão as naus e o casario do Porto, distante *hua legoa* [uma légua] da Vila de Olinda, à direita.

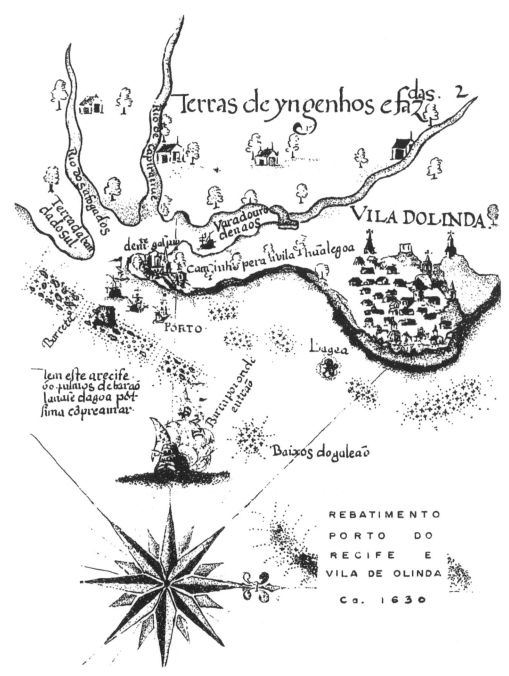

Um pouco antes da elaboração deste desenho, no intervalo que vai de 1525 a 1643, o problema da representação espacial foi estudado por vários autores: l) Albrecht Dürer apresentou rebatimentos em seu livro de Geometria publicado em 1525; 2) O arquiteto François Derand, em trabalho publicado em 1643, apresenta rebatimentos e desenvolvimento de superfícies para a determinação da verdadeira grandeza de elementos; 3) Philibert de L'Orme, em 1567, é outro que estuda os problemas de desenho com auxílio da Geometria. Entretanto, os geômetras puros, presos por exagerado formalismo às concepções gregas, deixam passar sem maior análise a ideia de uma nova geometria.

> *Concluímos que, de modo empírico e/ou intuitivo, o rebatimento foi usado durante milênios, apesar de não ter seus fundamentos teóricos estabelecidos. Como sempre, o concreto vem antes da teoria.*

A Escola de Engenharia de Mézières, fundada em 1748 na França, destinava-se à instrução dos alunos de Engenharia Militar; ela veio a ser o ponto de partida para a formulação teórica da Geometria Descritiva e, ao mesmo tempo, foi um obstáculo ao desenvolvimento dessa mesma geometria. Vamos explicar estas posições antagônicas.

Os professores da Escola de Mézières, nomes conhecidos como Louis Lucien Vallée, Jean Pierre Hachette, Frézier, Gaspard Monge e outros, faziam uso da projeção ortogonal simples e do rebatimento para solucionar problemas da estereotomia (corte) da madeira e da pedra, e para análise de problemas de fortificações e de balística. Deve-se frisar que aqueles professores não ensinavam a Geometria Descritiva, e sim aplicações empíricas para a solução de problemas profissionais cotidianos; não havia, portanto, uma base teórica, uma ciência, embora fosse usada algumas vezes a biprojeção ortogonal, tal como vinha ocorrendo há séculos.

Coube a um desses professores de alto nível, Gaspard Monge, o mérito de desenvolver a base teórica, ou, como preferem alguns, o corpo de doutrina da nova geometria, generalizando e sistematizando como Ciência o que se fazia empiricamente. Em outras palavras, a Escola de Mézières foi o berço da Geometria Descritiva. No entanto, contraditoriamente, essa escola enquadrou a nova ciência no campo restrito do segredo militar, atrasando por decênios a divulgação, o estudo e o desenvolvimento da Descritiva.

Nascida no período entre 1766 e 1784, a GD somente foi divulgada em 1794, quando Monge ensinou Descritiva aos alunos da Escola Politécnica, o novo nome da Escola de Mézières. No ano seguinte, o jornal da Escola Politécnica trouxe um resumo deste curso, que veio a ser a primeira publicação da teoria da Geometria Descritiva, legitimando a nova ciência.

O desenvolvimento histórico aqui apresentado é o resumo de um trabalho mais longo, preparado no início de minha carreira no magistério para a eventualidade de um concurso. A obra permanece inédita e o concurso jamais foi realizado. Este resumo procura tirar o exclusivo e vulgar tratamento puramente geométrico do assunto. Além de romper com a tradição, mostra como o conceito intuitivo passou para a formulação teórica. Como disse o professor Boyd H. Bode: "Esta organização (apresentação pura e simples dos resultados da ciência) não nos diz nada das tentativas, das pistas falsas, da descoberta de fatos que não haviam sido previstos, nem das circunstâncias que tiveram de ser consideradas; em uma palavra: não nos diz nada da forma em que foi construído o sistema. Em consequência, dito sistema tende a afastar-se, na mente do aluno, das experiências concretas".

De fato, nossas observações no magistério mostram que muitos alunos, ao estudarem os sólidos geométricos, por exemplo, não os associam ao mundo físico. Assim, cilindro e coluna são dois entes diversos; da mesma forma, o plano de topo e a rampa ou a aresta de um diedro e a cumeeira de um telhado.

Nossa contribuição procura acabar com esta dualidade fictícia, que tantos prejuízos tem causado ao ensino.

NOTAÇÃO

Capítulo 5

Há muito tempo, quando não haviam ainda as filas do INSS, os laboratórios farmacêuticos divulgavam seus remédios por meio de propagandistas; eles apresentavam aos médicos a literatura especializada e produtos eram entregues como amostras grátis. Os clínicos repassavam aos pacientes tais amostras, sendo os mais necessitados encaminhados diretamente aos laboratórios. Uma linha diversificada de vitaminas, tônicos e fortificantes era produzida por um deles (deixo de informar o nome; não faço propaganda gratuita!... com exceção das minhas obras: *Desenho Arquitetônico, A Perspectiva dos Profissionais, Ventilação e Cobertas* e *A Invenção do Projeto*, que trata da criatividade e da imaginação aplicadas às áreas gráficas). O paciente entregava no balcão o frasco vazio e um funcionário, lá dentro, abria uma torneira, reenchendo o vidro, que era devolvido ao cliente.

O que poucos deles sabiam é que os produtos mais diversos saiam todos de um mesmo tonel. Era tudo farinha do mesmo saco ou xarope único com rótulos diferentes.

Essa história verídica vem a propósito da notação em GD, aliás das notações. Uma colega do Paraná apresentou, em congresso, 18 notações diferentes para a mesma figura geométrica. Isso foi em 1984. De lá para cá, devem ter surgido outras notações. Se isto não aconteceu, está diante do leitor a 19ª notação: a deste livro.

Por quê? Para quê?

Notação é, em muitos casos, coisa secundária, pois há assuntos mais importantes no estudo da GD. Ela serve para controlar soluções em que há grande número de pontos ou para orientar uma explanação teórica. Fora disso, costuma ser assunto menos importante. Não seria mesquinharia impor uma notação na sala de aula? Parece coisa de quem se preocupa não em ensinar, mas se ocupa de colocar pedras no caminho do estudante. Seria sadismo? Ou delírio teórico?

Preste atenção às palavras, NOTAÇÃO ..., NO ... NOT ... AÇÃO; ... NÃO ... AÇÃO ou ... INATIVA: a notação não faz nada. O essencial em GD são soluções **gráficas**, não analíticas nem algébricas. Em seu desenho, quando você chegar a uma solução, A...NOTE, tome nota, note-a. Identifique-a ... por letra, algarismo ou cor. Pode ser mais útil do que a notação. Fui claro?

Vamos ao que fazer nos desenhos:

CONVENÇÕES

Nos desenhos

No texto { Pontos, Retas, Planos } são escritos entre parênteses

Pontos ⟶ São definidos por letras ⟶
- **Maiúsculas:** Pontos no espaço ou confundidas com sua 1ª projeção
- **Minúsculas:** pontos em projeção...

| O índice 1 é a 1ª projeção: sobre o plano horizontal ou XOY | Índice 2 corresponde à 2ª projeção: sobre o plano frontal ou YOZ | Índice 3 é a 3ª projeção sobre o plano de perfil ou XOZ |

Retas ⟶ São definidas por 2 pontos ou por letra única, seguindo o estabelecido acima.

Planos ⟶
- **Quaisquer:** Indicados por letras maiúsculas.
- **De projeção:**
  - XOY • plano horizontal
  - YOZ • plano frontal
  - XOZ • plano de perfil

SINAIS GRÁFICOS

- ⊡ Ângulo Reto
- ⊢#⊣ Medida a transportar
- ══ Linha de Terra (L T)

Convenção de traços

| Traço grosso | Contínuo ─────── | Linhas visíveis ou resultados |
| | Interrompido ------- | Linhas não visíveis |

Traço médio	Contínuo ───────	Dados de problema e elementos secundários
	Interrompido -------	O mesmo acima, quando não visíveis
	Curtos+longos ─ · ─	Linhas auxiliares para obter a solução; a visibilidade não é definida

| Traço fino | Contínuo ─────── | Linha de { chamada ou construção, Terra } |
| | Curtos+longos ─ · ─ | Linha de Eixo |

Notação

EXERCÍCIO

1. Recorte um quadrado de 22 centímetros de lado. Use cartolina fina ou papel grosso.

2. Cole na prancheta e desenhe as vistas ao lado (Medidas em centímetros).

3. Vista Lateral Esquerda.

4. Vista Frontal.

Na Vista Frontal sobra ou falta algum traço?

5. Desenhe a Vista Superior a partir das duas vistas já desenhadas.

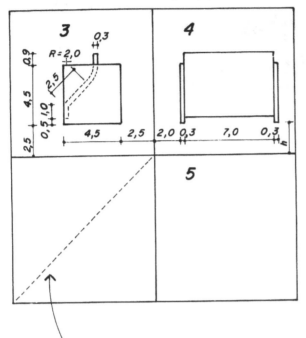

6. Dobre o papel para formar os planos de projeção:

7. Recorte e arme o objeto em papelão ondulado, de acordo com o desenho:

Tijolo de vidro para parede vasada

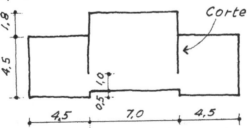

Corte

8. Compare a maquete com as vistas (projeções) desenhadas.

9. Faça perspectivas da maquete a mão livre e a instrumento.

10. Para pesquisa:
• O que acontece se, na Vista Superior, a altura h (ver figura 4) for aumentada?

• Se a peça interior do tijolo de vidro for recuada, as projeções se alteram? Quais e como?

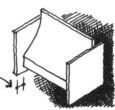

VERDADEIRA GRANDEZA

Capítulo 6

Grande e bela ciência é a Matemática!
Enquanto os políticos procuram disfarçar com ideais nobres a sua sede de poder ou os economistas inventam rótulos e teorias para encobrir a sua total ignorância das leis da economia, a Matemática, ao contrário, tem sua verdadeira grandeza: a das retas e dos planos.

Mais: a Física mostrou que a direção da luz se encurva – não é reta, portanto – ao sofrer a atração da massa de um corpo celeste. A Matemática, contudo, permanece com linhas retas. A retidão. E a verdadeira grandeza.

O que é isso? Ou onde está ela?

Nos desenhos anteriores, você deve ter observado que algumas figuras deformam-se, alterando sua medida real, ao serem desenhadas. Foi o caso da diagonal do poço nas figuras da página 22.

Quando necessitamos tirar a medida de uma grandeza (uma cadeira, por exemplo), colocamos a trena paralelamente à linha cuja medida queremos obter. Suponha, agora, que precisamos tomar a largura da manga de uma camisa. Colocar uma trena rígida não ajuda a resolver o problema; é necessário que a trena acompanhe a curvatura do tecido, isso é, que fique **paralela** à superfície do plano.

Este conceito é básico: quando a figura é paralela a um plano, ela não se deforma ao ser projetada nele.

Verdadeira grandeza

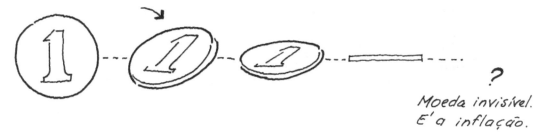

Moeda invisível. É a inflação.

Na figura acima, a moeda à esquerda está paralela ao plano do desenho e projeta-se em verdadeira grandeza. Na segunda figura, a moeda gira em torno de um eixo horizontal (diâmetro) e o algarismo está deformado: a face da moeda deixou de ser paralela ao plano do desenho. No terceiro desenho, o giro continua e o algarismo aparece ainda mais deformado. E no último desenho, o algarismo desaparece: a face da moeda está oculta da nossa vista.

Observa-se que o diâmetro que serviu como eixo da rotação permanece inalterado dos quatro desenhos: ele é paralelo ao plano do desenho e, portanto, não se deforma ao ser projetado.

Daí se conclui que, para obter a verdadeira grandeza de uma figura, devemos torná-la paralela ao plano de projeções por meio de um giro.

A verdadeira grandeza pode ser determinada, pelo menos, de quatro maneiras diferentes:

1. *Rotação*
2. *Rebatimento de plano*
3. *Rebatimento de reta*
4. *Vista auxiliar*

1 ROTAÇÃO DE UM SEGMENTO OU DE UM PLANO

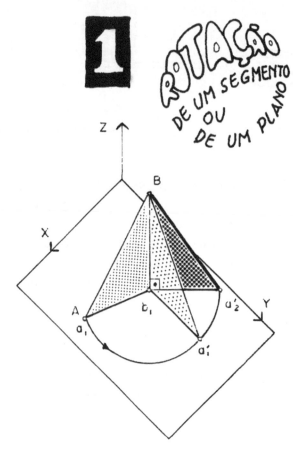

Um segmento (AB) projeta-se no plano horizontal em $(a_1 b_1)$, formando um triângulo retângulo $(a_1 b_1 B)$. A hipotenusa AB está deformada na perspectiva.

Podemos dar uma rotação no triângulo $(a_1 b_1 B)$ até a posição $(a'_1 b_1 B)$, em que $(a'_1 B)$ e $(a'_1 b_1)$ permanecem fora da verdadeira grandeza.

Continuando o giro até (a'_2), o plano do triângulo fica paralelo ao plano do desenho e todos os seus lados estão em Verdadeira Grandeza.

Na GD clássica, o problema é resolvido como na figura ao lado, em que $(a'_2 b_2)$ é a resposta.

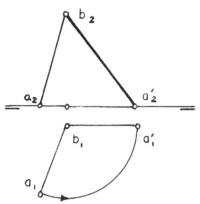

Rebatimento de figura que está fora do plano:

O plano projetante da reta (AB) foi girado até o ponto (a_2).

A reta vertical (h) será submetida à mesma rotação, passando para a nova posição (h').

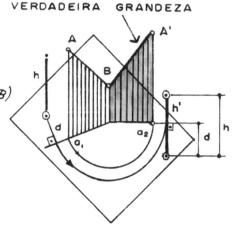

Verdadeira grandeza

2 REBATIMENTO DE UM PLANO

Dados: O triângulo (ABC), onde (BC) é o traço do plano e (a_1) é a projeção do vértice (A).

Solução: A perpendicular ao traço do plano ($a_1 m \perp BC$) fornece a altura do triangulo ($ma_1 A$, retângulo em A) a ser rebatido no plano horizontal. O ponto (h_1) está em verdadeira grandeza e fornece o rebatimento do vértice (A) em (A_1) ou em (A_2). Esta sequência vale para as duas figuras.

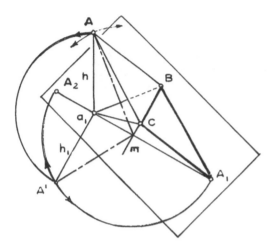

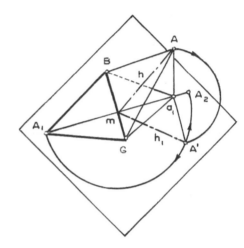

Nos desenhos anteriores, o plano dado encontra o plano horizontal (XOY) segundo a reta (BC). Diz-se que (BC) é o **TRAÇO** do plano, isto é, a interseção de um plano qualquer com um dos planos de projeção ou outro plano qualquer.

Nos dois desenhos ao lado, o plano do triângulo (ABV) não tem traço horizontal dado. Sendo possível obtê-lo nos limites do papel, recai-se no problema anterior.

Dados: O triângulo (ABV) em perspectiva cavaleira e sua vista superior ($a_1 b_1 v_1$).

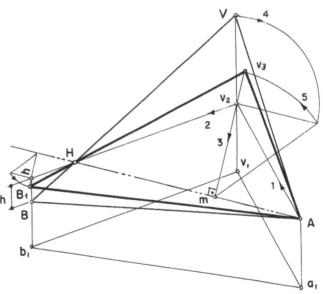

Solução de figura na página anterior:
Desenhar uma reta horizontal do plano do triângulo e usá-la como eixo de rotação para tornar o triângulo paralelo ao plano X O Y.

Construção: A numeração no texto corresponde às setas do desenho.
1. Traçamos (Av_2), paralela a $(a_l v_l)$ ...
2. ... e (v_2H), paralela a $(v_l b_l)$. Assim, (AH) é uma reta horizontal do plano (ABV). Prolongamos $(b_l B)$ até encontrar a reta (v_2H).
3. Pelo ponto (v_2), traçamos uma perpendicular à (AH) e encontramos o ponto (m). A reta (Vm), não desenhada na figura, é uma reta de maior declive do plano (ABV).
4. Com centro em (v_2) e raio (v_2V), traçamos um arco que encontra a perpendicular à (v_2m) no ponto (5).
5. Com centro em (m), traçamos o arco (5) e obtemos o ponto (v_3) no prolongamento de (mv_2). O ponto (v_3) é o rebatimento do vértice (V) do triângulo sobre o plano horizontal de cota ou altura igual ao ponto (A). Os passos 4 e 5 obedecem ao rebatimento apresentado na página 35.
6. O vértice (B) rebate-se em (B_1) por processo análogo: traça-se uma perpendicular à (AH) e uma paralela a esta horizontal; a altura (h) nos dá o ponto rebatido (B_1).
7. Traça-se o triângulo (AB_1v_3), que é a verdadeira grandeza do triângulo (ABV).

Atenção! A solução deste problema não é fundamental para o estudo que se segue. Se você teve dificuldade para entender, vá em frente e volte posteriormente para estudá-lo.

Outra solução para esse problema é desenhar uma Vista Auxiliar (assunto das próximas páginas) cuja linha de terra seja perpendicular a uma horizontal do plano dado como mostra o desenho ao lado.

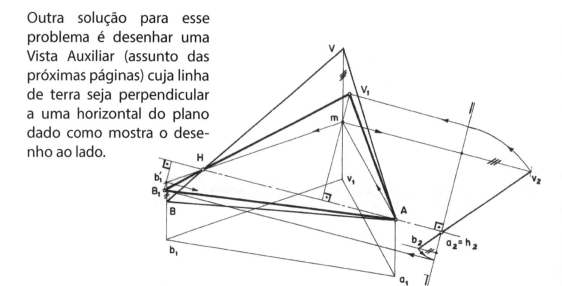

3 Para obter a Verdadeira Grandeza de um segmento, podemos rebater seu PLANO PROJETANTE.

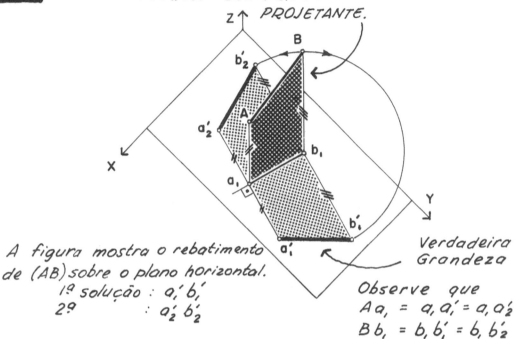

A figura mostra o rebatimento de (AB) sobre o plano horizontal.
1ª solução: $a_1' b_1'$
2ª   : $a_2' b_2'$

Verdadeira Grandeza

Observe que
$Aa_1 = a_1 a_1' = a_1 a_2'$
$Bb_1 = b_1 b_1' = b_1 b_2'$

O teclado do telefone aparece deformado na perspectiva cavaleira e na vista lateral direita.

Ao rebater, a partir da vista lateral, o plano AB das teclas perpendicularmente a esta reta, obtemos uma **Vista Auxiliar.** Trata-se de vista especial, que complementa as vistas ortogonais mais utilizadas (vista superior, vista frontal e vistas laterais) e permite obter medidas em verdadeira grandeza de partes da figura.

4 MUDANÇA DE PLANO OU VISTA AUXILIAR

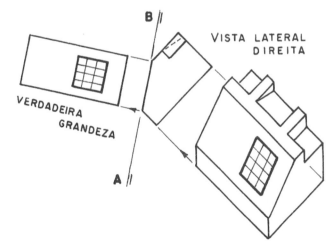

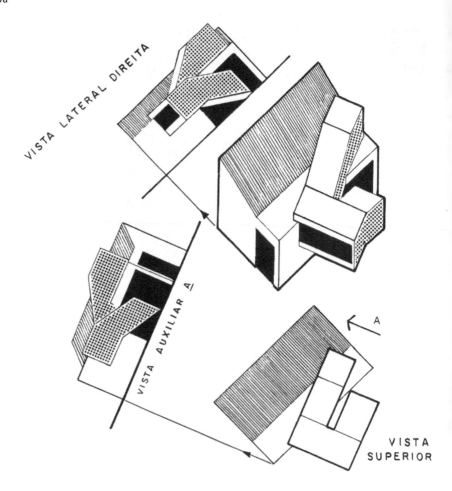

O desenho acima mostra uma rampa; na vista lateral direita, esta rampa apresenta seu comprimento **deformado**. Na vista auxiliar, feita na direção A, isto é, na direção A perpendicular ao comprimento da rampa, a extensão da rampa e sua declividade estão em verdadeira grandeza.

A grande motivação de uma aula é a **aplicação** do assunto. O professor deve mostrar e pedir ao aluno exemplos profissionais: projetos, fotografias, revistas e livros. Coisas reais, casos da profissão.

Não se deve esperar a conclusão do estudo da Verdadeira Grandeza antes de iniciar o assunto seguinte; logo após os primeiros problemas, o aluno aplicará seus conhecimentos na CONSTRUÇÃO e no desenho de MODELOS, fazendo as planificações de modo empírico ou teórico.

A sabedoria oriental justifica:

"Eu ouço e esqueço. Eu vejo e recordo. Eu faço e aprendo".

VERDADEIRA GRANDEZA

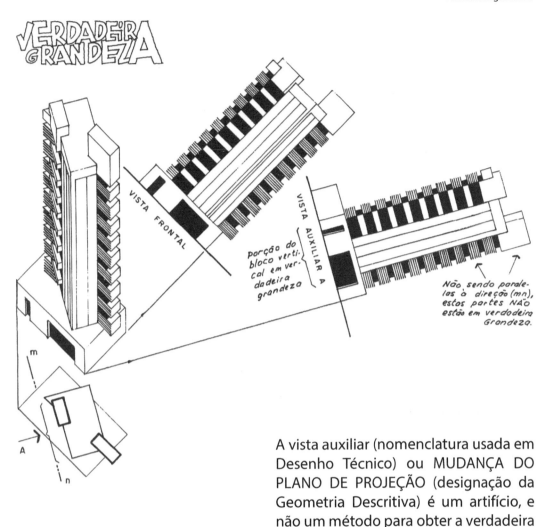

A vista auxiliar (nomenclatura usada em Desenho Técnico) ou MUDANÇA DO PLANO DE PROJEÇÃO (designação da Geometria Descritiva) é um artifício, e não um método para obter a verdadeira grandeza.

- Podemos dizer que é uma MUDANÇA DE POSIÇÃO do observador, de modo que uma determinada porção da figura apareça sem que se deforme.

- No exemplo acima, é a fachada do bloco vertical, cujo trecho A (indicado na vista superior) está desenhado na vista auxiliar em verdadeira grandeza.

- A linha de terra desta vista é paralela à direção (mn), portanto perpendicular à direção de observação (A).

Exercício prático:

Planificação de um tronco de prisma

A partir do prisma ao lado, representado por sua perspectiva cavaleira e considerando os eixos XYZ como vimos utilizando, pedem-se:

- Vista superior
- Vista lateral direita ou esquerda
- Vista frontal
- Seção plana em verdadeira grandeza (assunto do capítulo seguinte)
- Planificação da figura (assunto do Capítulo 8).

SEÇÃO PLANA

Capítulo 7

Se abrirmos o dicionário, veremos que SEÇÃO é divisão, CORTE, linha ou superfície divisória, divisão de repartição pública, etc. No Desenho Técnico, CORTE e SEÇÃO são conceitos diferentes; pergunte ao seu professor ou consulte o *Desenho Arquitetônico*, de nossa autoria.

Quando você corta um sólido por um plano, surge uma **SEÇÃO PLANA.**

Certamente você conhece as curvas cônicas:
circunferência, elipse, parábola e hipérbole.

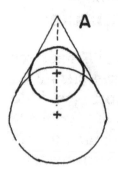

Elas podem ser geradas por seções no cone:

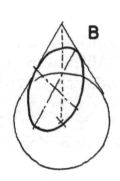

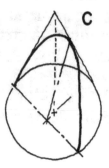

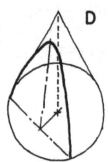

Identifique a curva contida na seção plana de cada figura acima.

Relacione as curvas com a variação da inclinação do plano da seção em relação à altura (eixo) do cone.

Determine a seção plana em cada uma das figuras:

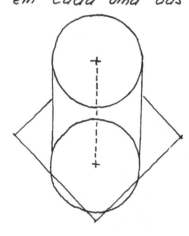

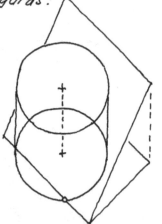

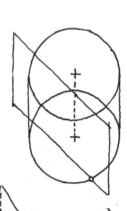

Desenhe o retângulo (plano) que contém esta seção e compare com a figura D (acima).

Desenhe aqui outra seção plana do mesmo tipo (triangular).

Seção plana

A compreensão deste assunto é fundamental para, em continuação, resolver problemas da GD. Estudaremos a seguir as seções planas em dois grandes grupos de sólidos:
1. pirâmide e cones
2. prismas e cilindros.

O desenho da seção plana nestes sólidos geométricos pode ser obtido por meio de duas construções diferentes:
1. diretamente na perspectiva cavaleira dada, ou
2. fazendo uso das vistas ortogonais do sólido dado.

Nas páginas seguintes, estuda-se a seção plana no mesmo sólido por meio da aplicação dos dois processos citados.

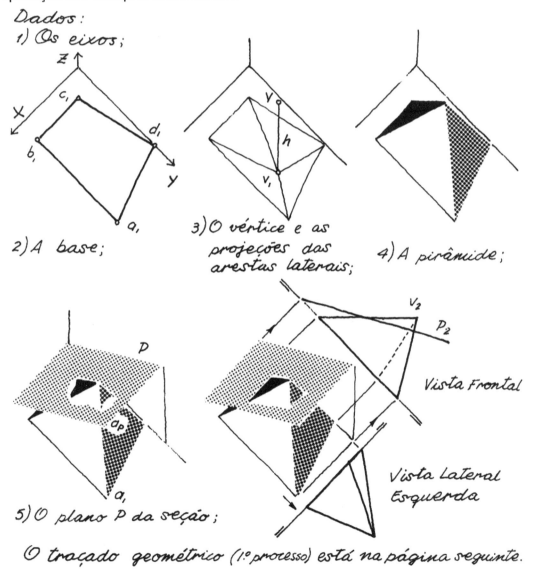

Dados:
1) Os eixos;
2) A base;
3) O vértice e as projeções das arestas laterais;
4) A pirâmide;
5) O plano P da seção;

O traçado geométrico (1º processo) está na página seguinte.

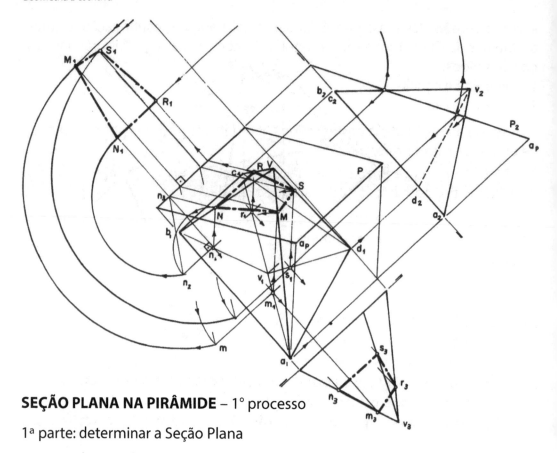

SEÇÃO PLANA NA PIRÂMIDE – 1º processo

1ª parte: determinar a Seção Plana

A pirâmide e o plano P são projetados no plano horizontal e no plano vertical (Vista Frontal). Essa vista apresenta a interseção ou corte das arestas pelo plano dado; estes pontos pertencem ao traço (P_2) do plano na vista frontal e são transportados para a projeção horizontal em ($m_1 n_1 r_1 s_1$).

A vertical que passa por cada um desses pontos permite obter a seção plana (MNRS). Os pontos ($m_1 n_1 r_1 s_1$) do plano horizontal são usados para desenhar a Vista Lateral Esquerda.

2ª parte: achar a Verdadeira Grandeza da Seção

Uma solução é rebater os pontos da seção plana a partir da vista frontal até a linha de terra e, daí, para o plano horizontal; encontra-se, assim, a resposta em ($M_1 N_1 R_1 S_1$).

Outra solução é rebater sobre o plano horizontal o plano do triângulo retângulo ($Nn_1 n_3$). A hipotenusa ($n_3 n_2$) é a verdadeira grandeza de ($n_3 N$), pois ($n_1 N$) é uma vertical, portanto está em verdadeira grandeza. O ponto (N_1) fica no prolongamento de ($n_1 n_3$), perpendicular ao traço horizontal do plano (P), sendo ($n_3 N_1$) = ($n_2 n_3$).

Seção plana

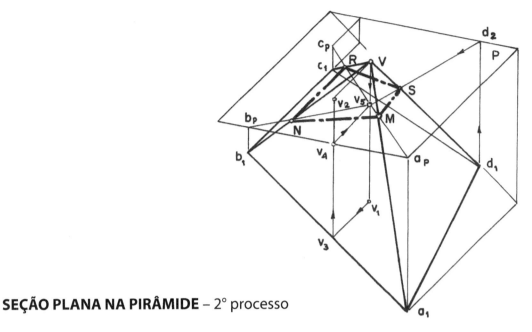

SEÇÃO PLANA NA PIRÂMIDE – 2° processo

A seção plana pode ser desenhada diretamente na perspectiva, sem recorrer às vistas. Ao projetar cada aresta lateral no plano da seção, encontraremos o ponto em que a aresta corta o plano. Projeta-se a altura da pirâmide (Vv_1) num plano frontal em (v_3v_2), que corta o plano (P) em (v_4). Daí obtém-se (v_5), projeção do vértice (V) no plano (P).

Cada vértice da base é projetado num plano frontal e tem sua projeção determinada sobre o plano (P). Pode-se, então, determinar a projeção de cada aresta lateral sobre o plano da seção. Assim, (v_5d_2) é a projeção de (Vd_1) no plano (P) e corta a aresta em (S), ponto da seção plana. Pelo mesmo processo, acham-se os demais pontos. A seção plana é (MNRS).

O traçado para a determinação da verdadeira grandeza é feito pelo processo da p. 47. As setas numeradas de 1 a 6 permitem acompanhar a sequência.

Observação: Desenho reduzido - Escala 1:1,33

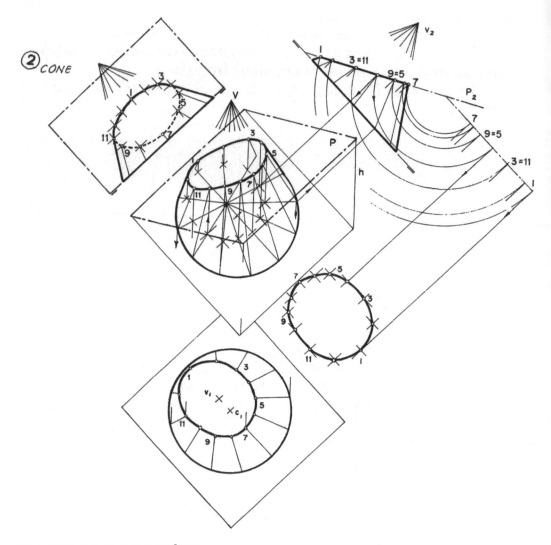

TRONCO DE CONE OBLÍQUO

Dados:
- O centro e o diâmetro da base no plano horizontal.
- O vértice do cone.
- O plano P formando um ângulo de 30° com o plano horizontal.

Construção
A partir da vista superior desenhada, representa-se o cone em perspectiva, juntamente com o plano da seção, e as vistas frontal e lateral direita.

O problema foi desenhado aplicando o primeiro processo usado na pirâmide (ver p. 44): as geratrizes são desenhadas no plano horizontal da perspectiva e os pontos da seção plana são transportados a partir da vista frontal.

SEÇÃO PLANA NO PRISMA

A seção plana pode ser obtida...

a) ...diretamente na perspectiva (desenho abaixo) ao se projetar as arestas laterais sobre um plano frontal.
b) ...na vista frontal, sobre o traço do plano, e daí levada para a vista superior e para a perspectiva cavaleira.

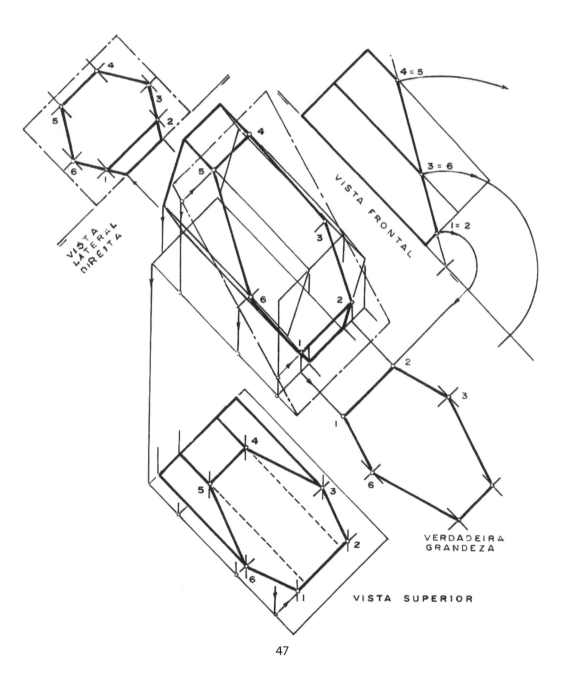

SEÇÃO PLANA NO CILINDRO

Traçamos verticais em cada um dos pontos em que foi dividida a base. A vista lateral direita nos dá a altura de cada um dos pontos que formam a seção plana.

A verdadeira grandeza foi obtida por dois processos:

1. No alto e à esquerda: por rebatimento sobre um plano vertical.
2. Na parte inferior esquerda: por rebatimento, a partir da vista lateral sobre o plano horizontal.

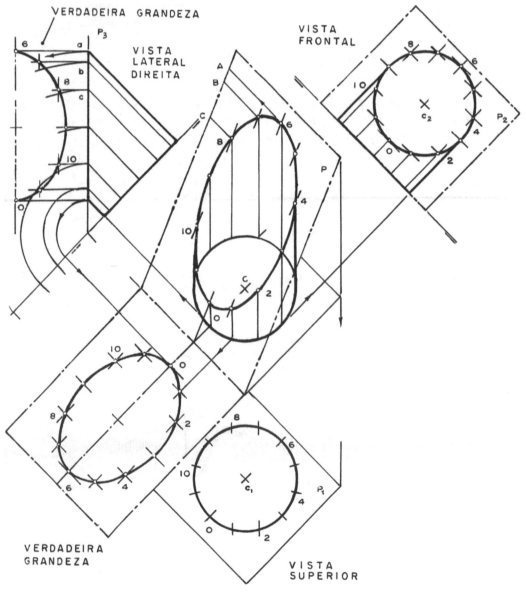

PLANIFICAÇÃO

Capítulo 8

Planificar é tornar plano. Para generalizar o conceito, considere um lenço ou um pedaço de papel; em qualquer caso, você pode amassar até formar uma espécie de bola. A ABERTURA desta bola é o que se chama desenvolvimento sobre um plano ou planificação.

Em GD não se planificam lenços, mas sólidos geométricos. Na vida cotidiana, é frequente a planificação para uso em:

Geometria Descritiva

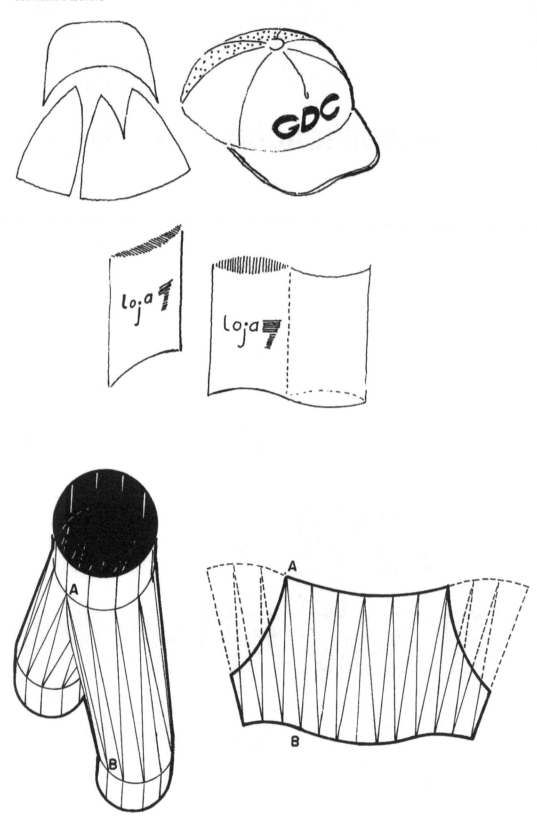

Planificação

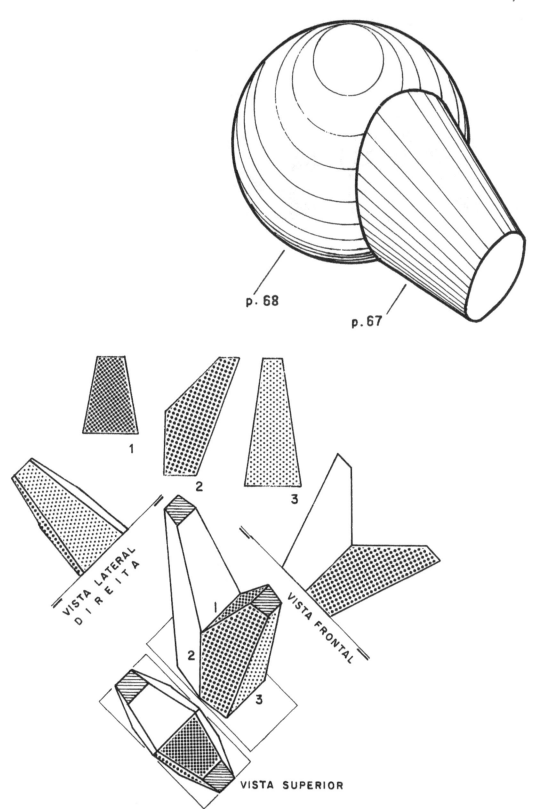

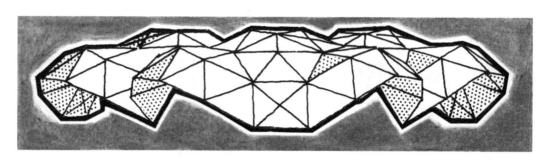

Cúpulas Geodésicas são estudadas em nosso livro "Ventilação e Cobertas".

Em muitos casos, procura-se não apenas planificar, mas, igualmente, encontrar a solução mais econômica.

Antes de estudar a planificação dos sólidos geométricos, precisamos saber quais são eles e classificá-los.

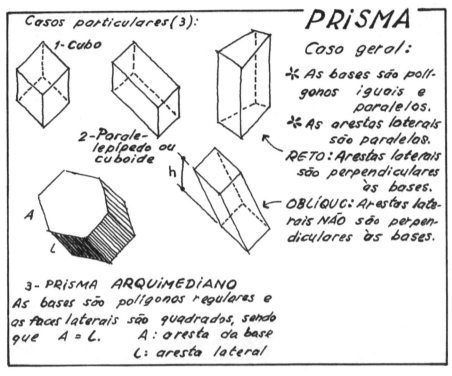

PRISMA

Casos particulares (3):
1- Cubo
2- Paralelepípedo ou cuboide
3- PRISMA ARQUIMEDIANO
As bases são polígonos regulares e as faces laterais são quadrados, sendo que A = L.   A: aresta da base
L: aresta lateral

Caso geral:
* As bases são polígonos iguais e paralelos.
* As arestas laterais são paralelas.
RETO: Arestas laterais são perpendiculares às bases.
OBLÍQUO: Arestas laterais NÃO são perpendiculares às bases.

CILINDRO

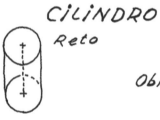
Reto

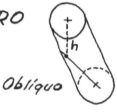
Oblíquo

Assemelha-se ao prisma, sendo que as bases são CURVAS FECHADAS e não polígonos.

PIRÂMIDE

* Reta ou regular:
A base é um polígono regular e o vértice cai (projeta-se) sobre o centro do polígono.

* Oblíqua ou irregular:
O vértice projeta-se fora do centro geométrico. A base pode ser um polígono regular ou não.

CONE

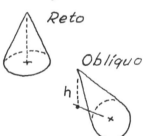
Reto

Oblíquo

Assemelha-se à pirâmide e tem como base uma circunferência oval, elipse ou curva fechada qualquer.

Geometria Descritiva

Esta é uma informação resumida e genérica sobre os sólidos. Posteriormente, deverão ser estudados os sólidos regulares: tipos, propriedades, planificação etc....

Voltemos aos prismas.

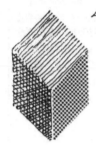

Aqui está um cubo oco.

Começamos a abrir suas faces e ...

... obtemos a planificação.

De modo análogo ao cubo, podemos abrir o PRISMA RETO...

... e planificá-lo.

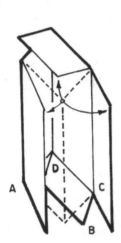

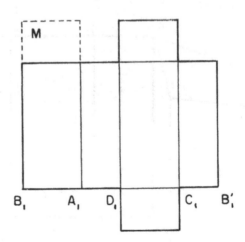

M - Posição alternativa para o desenho da base superior

Planificação

PRISMA RETO de base não regular

As bases estão em verdadeira grandeza, em planos horizontais, e as arestas laterais são iguais entre si, pois as bases são paralelas. A aresta lateral (D) serve de ponto de partida para a planificação:

1. Traçamos em (D) uma perpendicular (DD$_1$) à aresta lateral (DE).
2. Sobre (DD$_1$)' e a partir de (D), marcamos sucessivamente os lados da base: (DC) em (DC$_1$), depois (CB) em (CB$_1$) etc., até chegarmos a (A$_1$D$_1$), que é o último lado da base.
3. Pelos pontos (C$_1$B$_1$A$_1$D$_1$), traçamos paralelas à aresta lateral (DE).
4. Traçamos (EF) paralela a (DD$_1$), obtendo a planificação da superfície lateral do prisma.
5. Acrescentamos as bases inferior e superior.

Devem ser acrescidas abas, se a figura for ser montada.

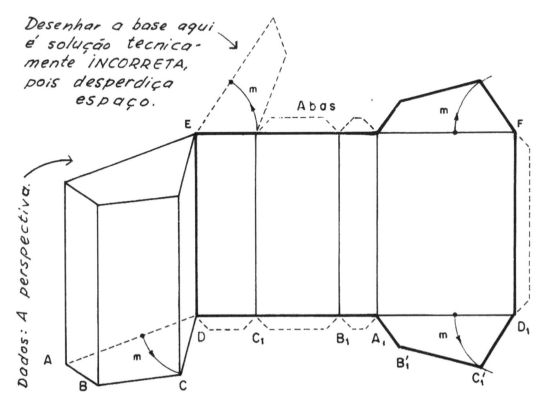

Geometria Descritiva

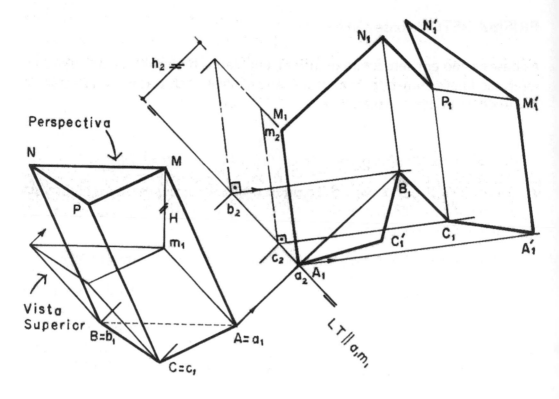

PRISMA OBLÍQUO

Dados: A perspectiva cavaleira e a vista superior (à esquerda). Verifica-se que (a_1m_1) é paralela ao eixo OU; assim, as arestas laterais estarão em verdadeira grandeza na vista frontal. Desenha-se a vista frontal (linha auxiliar, no centro da figura) sabendo-se que a altura da base superior está em $(h_2) = H$ (dado na perspectiva). A planificação (desenvolvimento ou desenrolamento) será desenhada no plano ZOY da vista frontal.

Planificação:
1. Na vista frontal, a partir da LT, traçam-se perpendiculares às arestas laterais, passando por $(b_2c_2a_2)$, vértices da base.
2. A aresta (AB) da base está em verdadeira grandeza e marca-se em (A_1B_1) a partir de (a_2), até encontrar a perpendicular à (b_2) em (B_1).
3. A aresta (BC) da base é transportada para (B_1C_1), na perpendicular (c_2).
4. A aresta (CA) da base fornece o ponto (A'_1).
5. Pelos pontos $(B_1C_1$ e $A_1)$, traçam-se paralelas à (A_1M_1).
6. Traça-se $(M_1N_1P_1M_1)$, respectivamente paralela à $(A_1B_1C_1A'_1)$.
7. Desenham-se as bases superior e inferior.

Observação: Deixar abas se a figura for ser recortada para montagem.

Planificação

Na figura a seguir, o prisma é oblíquo e suas arestas laterais NÃO estão em verdadeira grandeza nem na vista superior e nem na vista frontal. Uma vista auxiliar pode ser desenhada tomando a LT paralela à projeção das arestas; aqui fizemos a LT paralela à $(a_1 m_1)$, de modo que o problema é resolvido como o anterior.

Dados: A perspectiva cavaleira à esquerda.

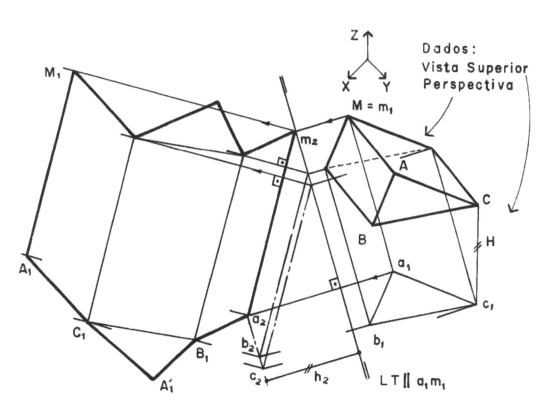

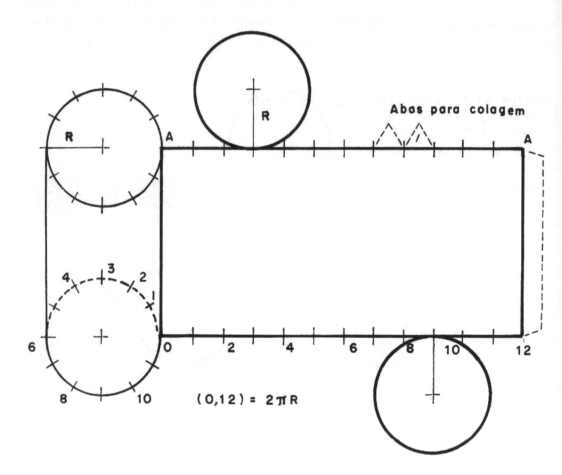

CILINDRO RETO

O traçado é análogo ao do prisma.

Dados: A perspectiva cavaleira à esquerda.

Deduz-se que estão em verdadeira grandeza a altura do cilindro (distância entre as bases) e as duas bases.

Devem-se evitar traços desnecessários: marcar os pontos de divisão da base sem desenhar os raios. É dispensável o desenho das geratrizes.

Planificação

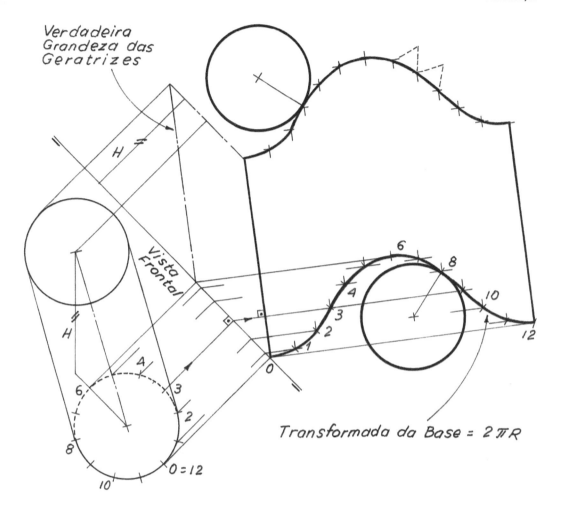

CILINDRO OBLÍQUO

Dados: A perspectiva cavaleira (acima à esquerda).

Pode-se desenhar a vista frontal e nela obter a verdadeira grandeza das geratrizes. O processo repete os passos usados no traçado do prisma oblíquo.

PIRÂMIDE OBLIQUA

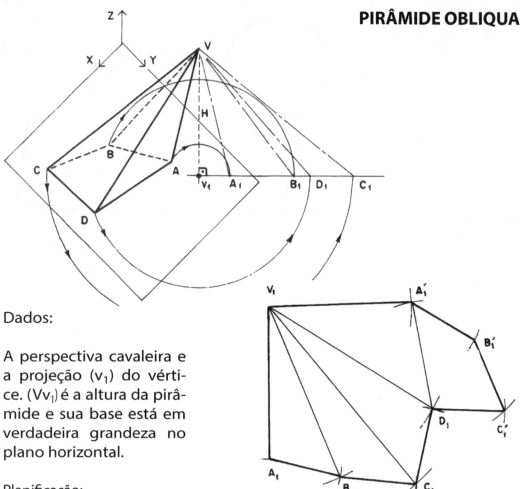

Dados:

A perspectiva cavaleira e a projeção (v_1) do vértice. (Vv_1) é a altura da pirâmide e sua base está em verdadeira grandeza no plano horizontal.

Planificação:
1. Traça-se (v_1C_1) perpendicular a (H) e rebatem-se as arestas laterais, a fim de obter a verdadeira grandeza de cada uma delas: VA_1, VB_1 etc.
2. No desenho inferior, toma-se uma aresta qualquer (V_1A_1 no desenho) como ponto de partida e constrói-se o triângulo $(V_1A_1B_1)$ ou face lateral, cujos lados estão em verdadeira grandeza: (VA_1) e (VB_1) no rebatimento e (AB) na perspectiva.
3. Constrói-se o triângulo $(V_1B_1C_1)$ adjacente ao anterior e repete-se o processo com os dois triângulos restantes.
4. Acrescenta-se a base.

Observações:
- No caso de pirâmide regular, as arestas laterais são todas iguais entre si, de modo que se faz um único rebatimento.
- Deixar abas para o caso de montagem do sólido.
- Este arco $(0_1 - 1 - 2 - 3... - 11 - 12)$ é a transformada da base.

CONE RETO

Dados: A altura e a base (círculo de raio R) em perspectiva.
Planificação:

1. Divide-se a base em 12 partes iguais.

2. A geratriz (VO) está em verdadeira grandeza; por se tratar de cone reto, as geratrizes são todas iguais.

3. Marca-se, sobre uma direção arbitrária, o segmento (V$_1$O$_1$) e traça-se um arco tendo este segmento como raio.

4. Sobre o arco marcam-se as 12 partes em que foi dividida a base. Este arco (0$_1$ – 1 – 2 – 3 – ... – 11 – 12) é a transformada da base.

5. Desenha-se a base do cone tangente à transformada e tendo seu centro no prolongamento de qualquer das geratrizes

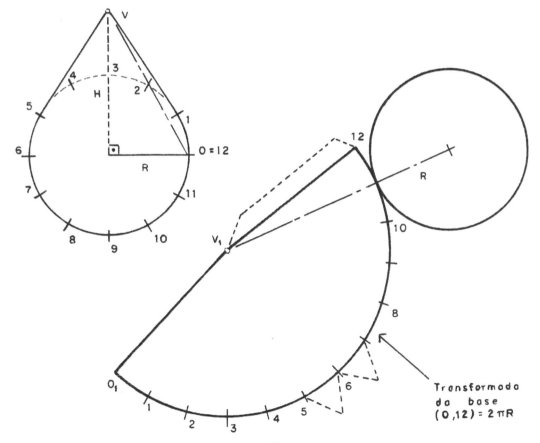

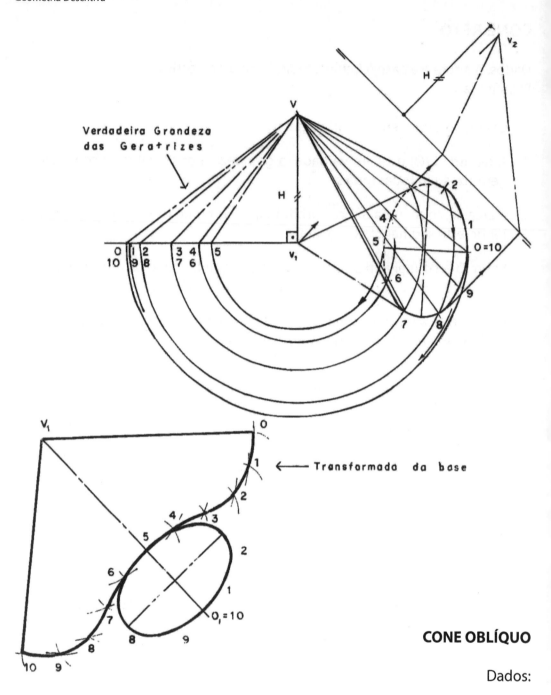

CONE OBLÍQUO

Dados:

À direita do desenho está o cone de vértice V, em perspectiva cavaleira; a base é elíptica e está no plano horizontal, onde está desenhada a vista superior em traço fino.

Observação: para melhor entendimento, foi desenhada uma vista frontal, à direita, que é desnecessária para a planificação.

Planificação do cone oblíquo (figura na página anterior):

1. A base é dividida em 10 partes iguais.

2. Por meio de rebatimento, feito para a esquerda, determina-se a verdadeira grandeza de cada geratriz.

3. Simplifica-se o desenho usando a simetria da figura: traça-se a direção $(V_1 0_1)$, eixo de simetria, onde será marcada a verdadeira grandeza da geratriz em $(V_1 5)$.

4. A medida que corresponde à divisão da base em partes iguais é marcada de um lado e de outro do eixo de simetria em (4) e em (6).

5. A geratriz $(V_1 4)$ dá o ponto (4) da planificação e o ponto simétrico (6).

6. Marca-se o arco (4.3) da divisão da base e a geratriz $(V_1 3)$, definindo o ponto (3). Do mesmo modo obtém-se o ponto simétrico (7).

7. Procede-se da mesma maneira com todos os pontos em que foi dividida a base. Esses pontos constituem a transformada da base, curva cujo comprimento é o da base retificada. Essa linha é traçada com auxílio de curva francesa ou à mão livre.

8. A elipse da base é desenhada a partir de seus diâmetros conjugados e deverá ser tangente à transformada.

TRONCO

Ao cortar um sólido por um plano, costuma-se chamar de **tronco** à porção do sólido compreendida entre o plano horizontal de projeções e o plano da seção. Pode-se generalizar o conceito para planos quaisquer, desde que se defina qual das partes secionadas é o tronco: a maior ou a menor, a da esquerda ou a de baixo do plano da seção.

TRONCO DE PRISMA

Dados:
A) A perspectiva do tronco, desenhada na página seguinte à esquerda em traço médio, e a vista superior, em traço fino.

B) A vista frontal (2ª projeção, portanto pontos com o índice 2).

C) A vista superior (1ª projeção, pontos com o índice "um") está desenhada na parte inferior à esquerda, para evitar a superposição da perspectiva e dessa vista. Essa projeção não será utilizada na planificação!

Planificação:

Seguiremos o roteiro utilizado na planificação do prisma.

1. Na vista frontal, a partir dos pontos da base inferior, traçam-se perpendiculares às arestas laterais e planifica-se o prisma "inteiro" (sem a seção plana).

2. Pelos pontos (r_2, s_2, t_2, m_2, p_2) da seção plana, traçam-se perpendiculares às arestas e obtêm-se os pontos (R_I, S'_I, T_I, M_I, P_I) sobre as arestas já planificadas.

3. O triângulo ($M_1 P'_1 N_1$) é parte da base superior dada, que está em verdadeira grandeza na perspectiva cavaleira em (MNP).

4. Para obter a seção plana em verdadeira grandeza, deve-se fazer o rebatimento: traçam-se perpendiculares ao plano da seção passando pelos pontos (s_2, r_2, t_2) e ($m_2 = p_2$).

5. Num ponto arbitrário (R'_1) que evite a superposição de desenhos, passa-se uma paralela à seção (s_2, t_2). Na vista superior marcam-se as distâncias entre os pontos (r_1) e (p_1, s_1, m_1, t_1) – no eixo OX – respectivamente (e), (e + f), (e + f + g) e (e + f + g + i), na parte inferior da figura. Essas distâncias serão usadas para obter os pontos ($S''_1, P''_1, M''_1, T''_1$) da seção plana em verdadeira grandeza.

6. Transporta-se a verdadeira grandeza da seção plana, assim obtida, para o seu local na planificação.

Observação:
O passo 6 acima parece contradizer o item 3 dos dados. Ocorre que as distâncias (e – f – g – i) podem ser obtidas diretamente da vista superior, que foi dada junto com a perspectiva, e assim será feito no problema seguinte. O recurso ora adotado é mais compreensível para o principiante.

Planificação

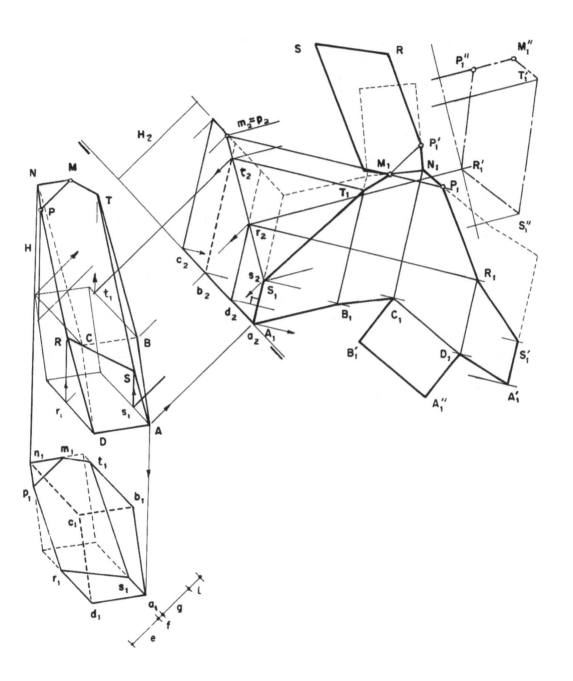

Geometria Descritiva

TRONCO DE CONE

Dados:

A) O cone reto de base circular e vértice V, em perspectiva.
B) A vista frontal com o plano ($a_2 g_2$) da seção.

1ª etapa:
1. Os pontos (a_2, b_2, c_2, d_2) correspondem ao corte das geratrizes pelo plano da seção e são transportados para a projeção horizontal em (a_1, b_1, c_1, d_1).
2. Repete-se o processo para os demais pontos da seção. Eles estão todos desenhados, porém não foram colocadas letras de modo a evitar excesso de sinais no traçado. A projeção da seção plana é desenhada no plano da base.
3. Linhas verticais traçadas a partir dos pontos (a_1, b_1, c_1,...) determinam sobre as geratrizes, os pontos da seção plana na perspectiva: (ABC...).
4. O cone é reto, portanto a verdadeira grandeza das geratrizes está na vista frontal em ($v_2 a_2$).
5. A verdadeira grandeza da seção está à direita da vista frontal. O diâmetro (GA) é paralelo ao plano ($g_2 a_2$) da seção e os pontos como (b_2, c_2,...) são levados perpendicularmente à seção.
6. A vista superior dá as distâncias destes pontos ao diâmetro (6-0), que corresponde a (GA) na verdadeira grandeza. Assim, a distância, no eixo OX, do ponto (b) ao diâmetro (6-0), é (m) e será levada em (m_1) na verdadeira grandeza.

2ª etapa ou planificação:
1. Já vimos como é feita a planificação do cone reto. Marcamos a verdadeira grandeza da geratriz na direção ($V_1 O_1$) e traçamos o arco ($0_1 - 1 - 2 - ... - 12$).
2. Sobre este arco, marcamos os pontos de divisão da base.
3. Na vista frontal, o ponto (d_2) que pertence à geratriz ($v_2 3$) é levado para a geratriz ($v_2 a_2$) e a verdadeira grandeza, assim obtida, é transportada para a geratriz ($V_1 3$), na planificação, a partir de (V_1) e dá o ponto (D).
4. Repete-se o processo para os demais pontos da seção plana (ABC...) e traça-se a curva que liga estes pontos.
5. As bases inferior e superior são desenhadas tangenciando as transformadas.

Observação: No canto inferior esquerdo aparece outra planificação do mesmo cone, porém desenvolvida a partir da geratriz ($V_1 6$).

Planificação

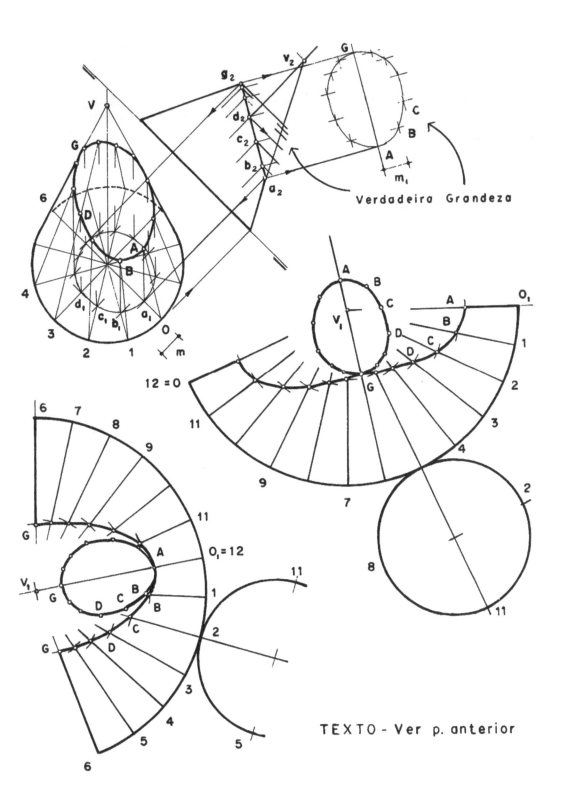

TEXTO - Ver p. anterior

ESFERA

Não se conhece planificação exata para a esfera.

A figura ao lado esquematiza o funcionamento da máquina, espécie de torno, que descasca uma laranja. A casca sai como uma tira fina que pode ser alinhada, isso é, transformada em uma reta: é a planificação aproximada da esfera ou laranja.

Com um pouco de imaginação e jeito, podemos tirar o que sobrou da casca daquela laranja e descobriremos os gomos da fruta. Vamos planificar este gomo, puxando-o como em M.

O traçado geométrico aproximado é obtido a partir da divisão da esfera em **12 fusos**, que é a designação matemática do gomo.

O equador é um círculo máximo da esfera e, no desenho, vale $12 \times c$, sendo **c** a largura máxima do fuso. Segue-se que $12 \times c = 2 \Pi R$.

O limite do fuso é um meridiano e pertence a um círculo máximo ou diâmetro. O comprimento ou altura do fuso será, então: $6 \times c = 1/2$ da circunferência.

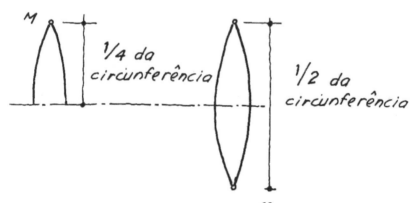

O gomo planificado

Planificação:

1. A vista superior da esfera permite sua divisão em 12 partes. O comprimento do equador ou 12 x **c** é marcado sobre uma horizontal.

2. O comprimento (altura) do fuso é marcado sobre uma vertical: metade ou 3 x **c** acima do equador e a outra metade abaixo dele.

3. O fuso tem larguras variáveis como se vê na perspectiva em (a - b c); estas medidas são obtidas na vista superior e levadas para a planificação.

4. A ligação dos pontos obtidos fornece a planificação do fuso.

5. O traçado será repetido nos demais fusos.

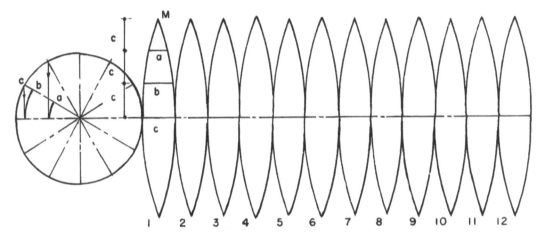

PAPEL DOBRADO

A milenar arte japonesa do origami, ou dobragem de papel, é pouco utilizada no ensino, apesar de sua conhecida capacidade de estimular a imaginação. Em anos recentes, a Arquitetura utilizou o conceito do origami, desenvolvendo o que se chama de Arquitetura Laminar ou de lâminas dobráveis ou desmontáveis.

Pode-se iniciar a aplicação com a figura a seguir: um retângulo de 27,5 × 9 centímetros é desenhado, a lápis, sobre uma folha de papel ofício não muito fina ou papel vegetal de 75 a 90 gramas.

Em seguida, as arestas desenhadas são dobradas, segundo a convenção e o roteiro dados na figura.

Geometria Descritiva

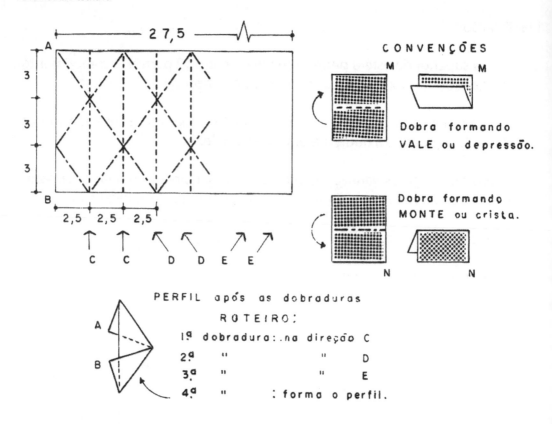

Depois de feitas todas as dobraduras indicadas, chega-se ao perfil que corresponde ao amontoado de todos os triângulos. Em Arquitetura, isso corresponderia a empilhar as lâminas ou chapas para a montagem da cobertura.

Agora é a vez de abrir devagar o papel dobrado, para chegar à configuração final. Pode-se obter uma abóbada ou outra figura. Sugerimos comparar com o desenho da página 52.

No início, é natural alguma lentidão para efetuar as dobragens, porém logo se desenvolve a habilidade manual. A partir daí, pode-se passar a usar papel vegetal com os triângulos pintados em cores diversas e pensar em efeitos de iluminação, bem como fazer variações com as medidas. Assim, por exemplo:

Planificação

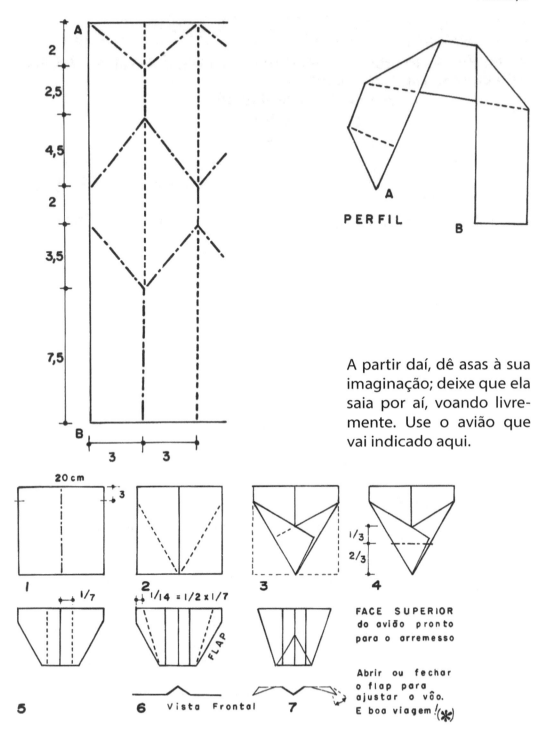

A partir daí, dê asas à sua imaginação; deixe que ela saia por aí, voando livremente. Use o avião que vai indicado aqui.

(*) Você conhece esta praia? Com iniciais maiúsculas, Boa Viagem é uma praia de Pernambuco e tem deliciosa água morna no mar e outra fria e doce no coco verde. Funciona o ano inteiro; dia e noite. Faça bom uso do avião… e vá lá.

Se você acha que aviãozinho de papel é besteira de criança, é hora de saber umas coisas:
1. Criança tem intuição; coisa que, muitos adultos, por ignorância, confundem com bobagem.
2. A propósito de besteira, tem o poema:
>A sabedoria verdadeira
>Sabe que deve ter
>Um pouco de asneira
>Para que o asno não pense
>Que é besteira.
>
>O autor é Piet Hein, poeta e matemático dinamarquês.

3. O projeto do avião é do professor James M. Sakoda, da Universidade Brown, nos Estados Unidos.

GEODÉSICAS

São poliedros que têm os vértices sobre a superfície de uma esfera. O assunto é estudado em nosso livro *Ventilação e Cobertas*.

A planificação de uma geodésica é apresentada aqui. Sugerimos que o desenho abaixo seja ampliado (completando os polígonos à direita) para a escala 5:1.

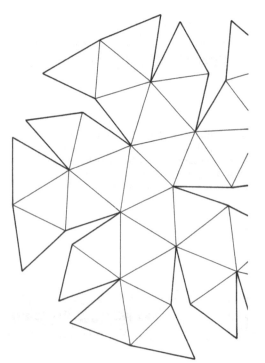

Recomenda-se usar cartão tipo "guache" com dimensões de 50 × 50 centímetros; quando armada, a cúpula terá diâmetro aproximado de 30 centímetros. Se recortada em chapa metálica, pode servir de fruteira (tendo o vértice para baixo e escorado em apoio ou pé) ou como cobertura para bolos, com o vértice para cima e tendo furos para ventilação.

Lembre-se de deixar as abas para colagem.

Planificação

A montagem de geodésicas e de poliedros (especialmente depois de terem sido estudados dois problemas fundamentais da GD - a verdadeira grandeza e a planificação) dá margem a um grande número de alternativas de construção. A montagem de maquetes deve ser associada ao desenho, pois ambos desenvolvem a capacidade criativa (criar coisas novas ou dar novos usos a coisas velhas, saindo da rotina) em paralelo com a destreza manual e o domínio da teoria da representação gráfica.

Em resumo: a GD é aplicável a partir de conceituação teórica mínima, porém com grande conteúdo. Então, pode-se pensar em utilizar a GD para desenvolver a inteligência: aquilo que vai ajudar a resolver os problemas da vida e não apenas os da Geometria Descritiva.

Maquetes de poliedros podem ser feitas usando um cilindro (o cabo de vassoura pode servir) e palitos de picolé ou a espátula de madeira usada pelos médicos para examinar a garganta.

1. Faça ranhuras no cilindro.

2. Corte cilindros de 1,7 centímetros de altura.

3. Os vértices do poliedro são chamados de **NÓS** nas geodésicas e são construídos colando os palitos ou espátulas nos furos, como na figura:

Para montar a geodésica da
página 72, você precisará de:

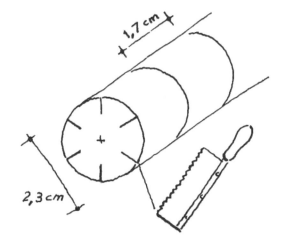

37 espátulas de aproximadamente 7,9 cm

31 espátulas de aproximadamente 6,5 cm

10 nós (vértices) com 6 ranhuras

6 nós (vértices) com 5 ranhuras

Com duas destas geodésicas iguais e bem coladas, você arma um globo decorativo capaz de servir de suporte a um jarro com planta no seu interior.

Nesta hipótese, você deve deixar um dos pentágonos removíveis (janela) para os indispensáveis cuidados à planta.

Outras alternativas:

1. Usar espetos de churrasco (sem a carne, claro!) ligados por tubos plásticos flexíveis. Os Professores Ricardo Procópio e Arlindo Stephan, da Universidade Federal de Juiz de Fora, Minas Gerais, montaram um protótipo que foi apresentado em congresso.

2. Para estruturas mais leves, podem ser usados canudos de refrigerante ligados por arame de alumínio, como na figura ao lado.

3. Podem-se moldar os nós como esferas de resina epóxi, deixando furos ou tubos de espera. Outras alternativas podem ser exploradas.

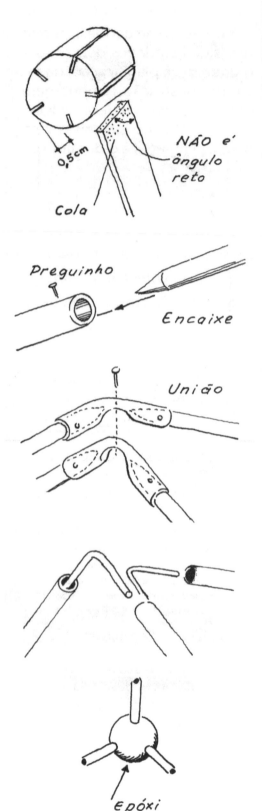

PROBLEMAS COM CLASSE E ...

Capítulo 9

As figuras das próximas páginas servem, na primeira etapa e na classe (sala de aula), para uma interpretação **RÁPIDA** ou esboço do objeto: dadas as projeções pede-se o desenho volumétrico correspondente. Em geral, são três as vistas ou projeções mongeanas e a perspectiva será escolhida pelo aluno: cônica, cavaleira ou isométrica. O exercício pode ser realizado com duração de 15 a 30 minutos. Não se busca um desenho apurado, mas a apreensão das **relações espaciais**: proporções e posições, sobretudo; assim, o exercício está mais para visualização do que para desenho.

Numa segunda etapa, as vistas podem ser desenhadas, ampliadas ou não, para atender outras finalidades:

    1 – Representação exata   2 – Perspectiva geométrica
    3 – Planificação   4 – Construção de maquete

No desenho dos itens 1 e 2 acima, e especialmente para iniciantes, sugere-se o uso de cores para definir porções de planos (faces) nas vistas, relacionando-as com a perspectiva. Pode-se, ainda, usar uma cor para identificar esta ou aquela reta específica nas várias vistas e na perspectiva.

Há exercícios com a sequência inversa: sendo dada a perspectiva do objeto, o aluno desenhará as vistas. Pode-se, ainda, passar da perspectiva cavaleira para isométrica ou cônica, e vice-versa.

Fica a critério do professor simplificar figuras ou acrescentar detalhes em função do nível de cada turma, bem como inventar novos exercícios capazes de motivá-la.

Os exercícios NÃO estão organizados por ordem de dificuldade.

Geometria Descritiva

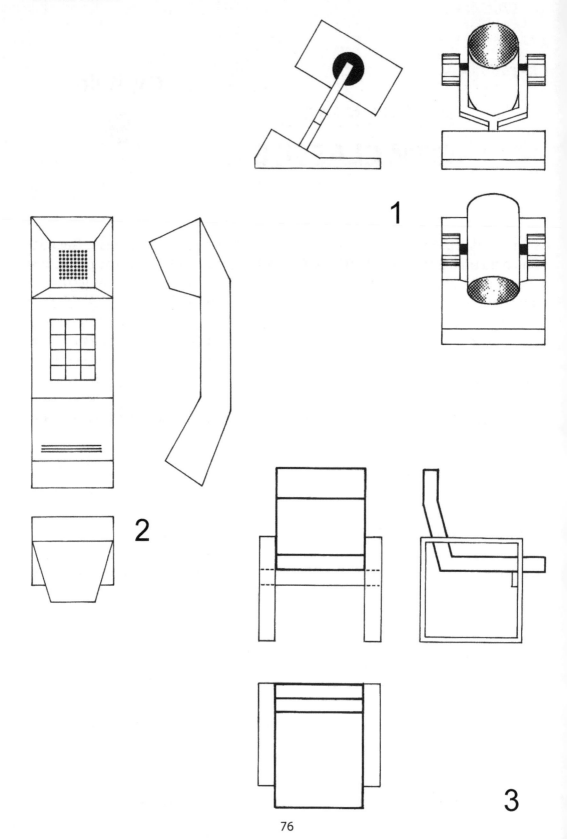

Problemas com classe e...

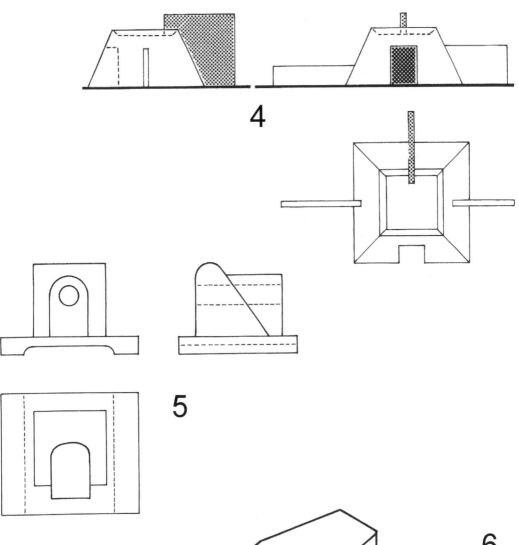

Os problemas 6 – 9 – 12 apresentam figuras em perspectiva isométrica; eles serão desenhados em vistas ortogonais ou noutro sistema de representação gráfica.

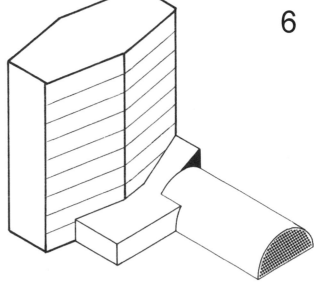

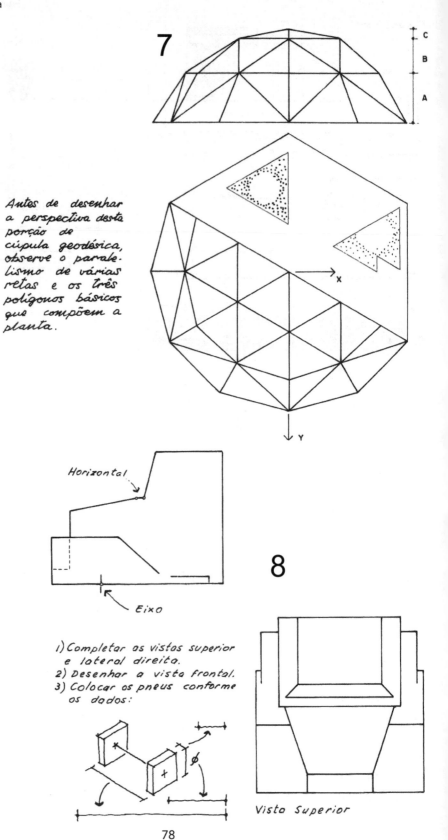

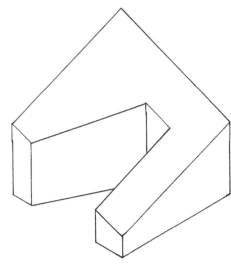

9

Os problemas 10-11-16-19 apresentam figuras em perspectiva isométrica; elas devem ser desenhadas em vistas ortogonais ou em outro sistema de representação gráfica.

10

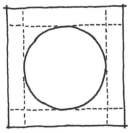

Um CUBO recebe um furo cilíndrico que vai de face a face. O furo é feito em três direções perpendiculares. Todas as vistas são iguais a esta.
Fazer a perspectiva do cubo com os furos. O bloco resultante pode ser dividido em 8 partes iguais. Apresentar perspectivas desta parte vista de cima e de baixo.

11

As faces dos poliedros dados são triângulos equiláteros iguais. Juntar os dois sólidos e fazer perspectivas e as três vistas ortogonais do conjunto. Fazer os modelos e ensaiar a junção de mais de dois poliedros.

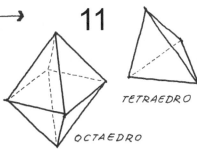

TETRAEDRO

OCTAEDRO

Olhar uma coisa sem vê-la, é ver sem perceber.
(Paul Valéry)

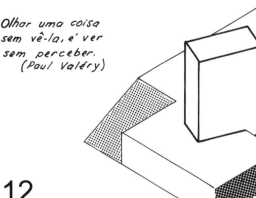

12

Geometria Descritiva

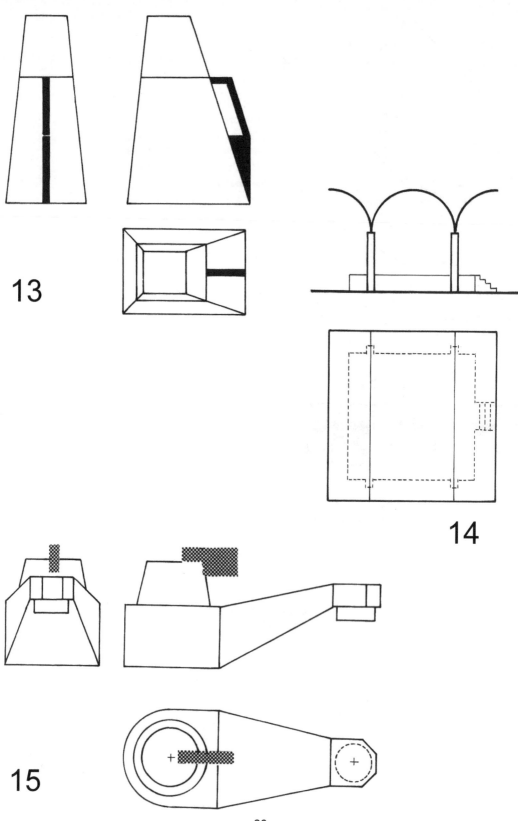

Problemas com classe e…

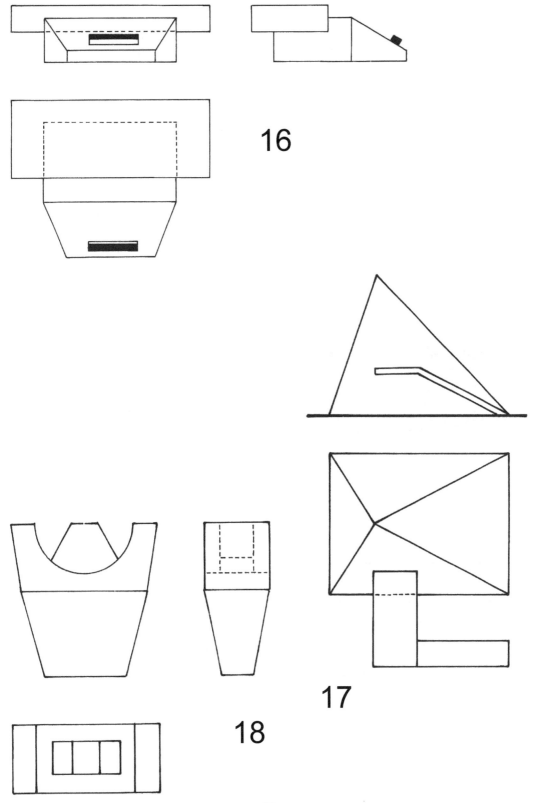

...RESPOSTAS DESCLASSIFICADAS

Capítulo 10

Cada jornal costuma ter critérios próprios para os anúncios classificados. Aqui, não encontrando características para apresentar as soluções dos problemas propostos, eu preferi não classificar as respostas; assim, elas são desclassificadas.

Há, contudo, um número de ordem que foi aplicado em cada problema do capítulo anterior e acompanha a solução. Logo se verá que as respostas são dadas em escala diferente dos problemas; as razões que me levaram a proceder assim foram as mais diversas. Entre elas, a necessidade de tornar as figuras claras obrigaram-me a fazer os desenhos em tamanho maior. Deste modo, foi evitada a "pequenez" do livro.

Alguns poucos problemas poderão comportar duplicidade de interpretação em detalhes menores. Portanto, qualquer solução que não entre em choque com os dados deve ser considerada correta.

Deve-se ter em mente que o objetivo maior é desenvolver a visão espacial.

... respostas desclassificadas

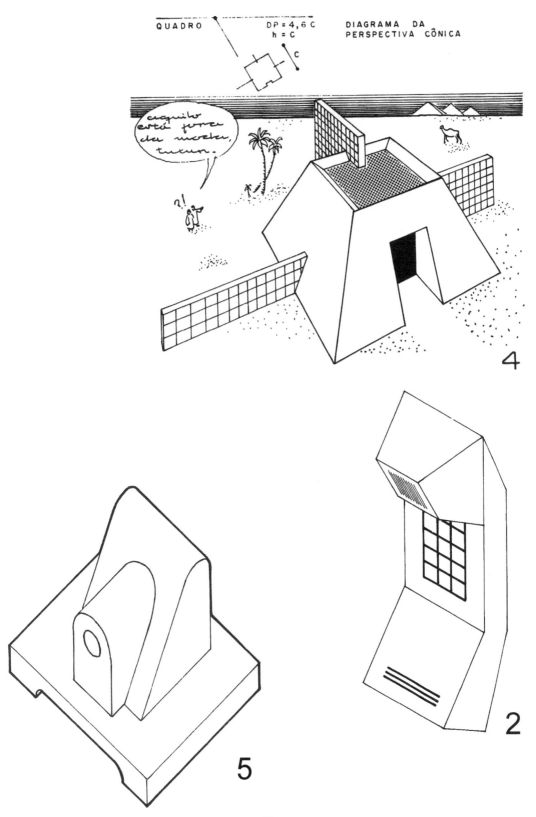

Geometria Descritiva

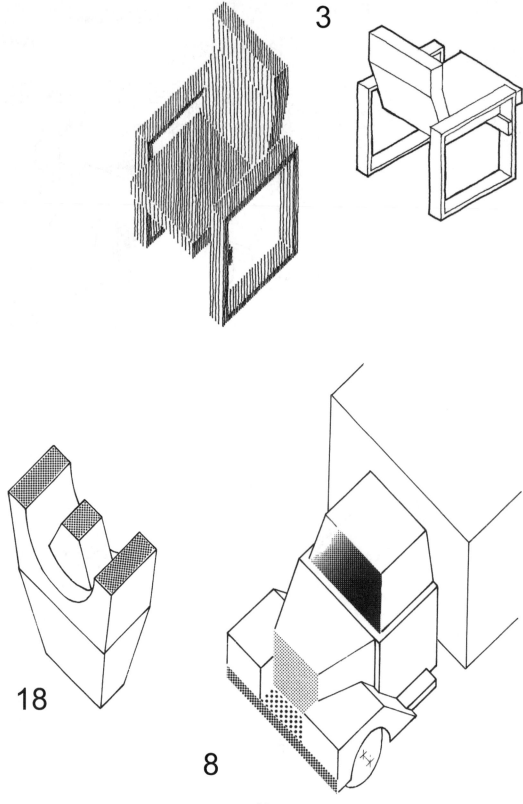

... respostas desclassificadas

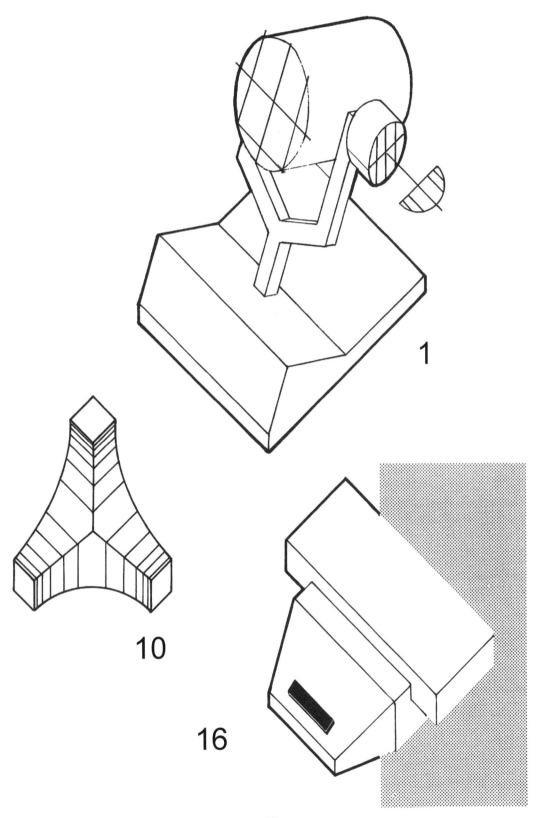

Geometria Descritiva

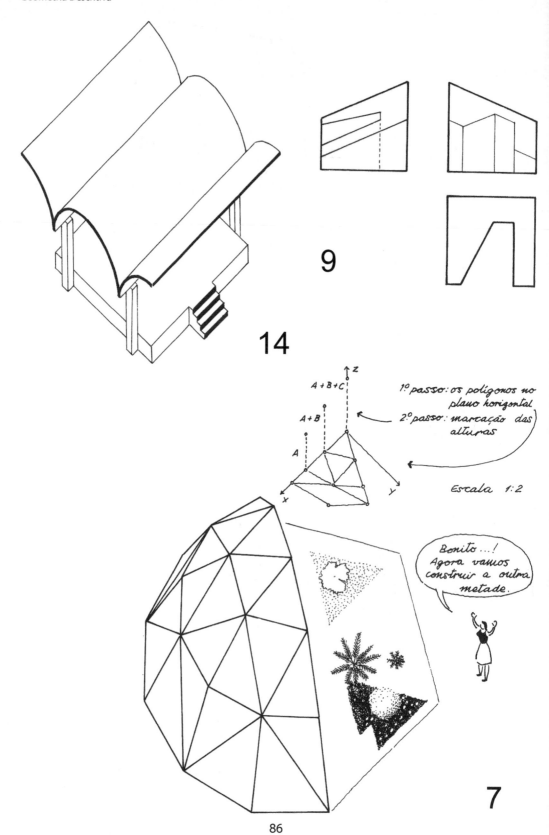

... respostas desclassificadas

11

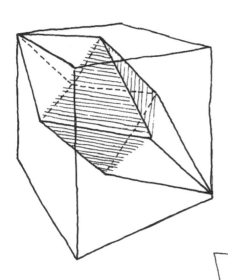

Com dois tetraedros e um octaedro, monta-se o hexaedro romboidal, espécie de cubo deformado. Podem-se acrescentar mais tetraedros e...

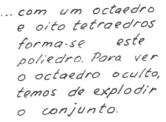

...com um octaedro e oito tetraedros forma-se este poliedro. Para ver o octaedro oculto, temos de explodir o conjunto.

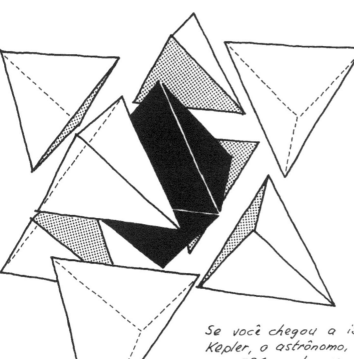

Se você chegou a isto, parabéns! Kepler, o astrônomo, também chegou em 1596 e chamou a figura de Estrela Octogonal. Quem afirma é o Prof. Günter Weimer, da UFRS, num belo livro Empacotamento Fechado de Poliedros.

Geometria Descritiva

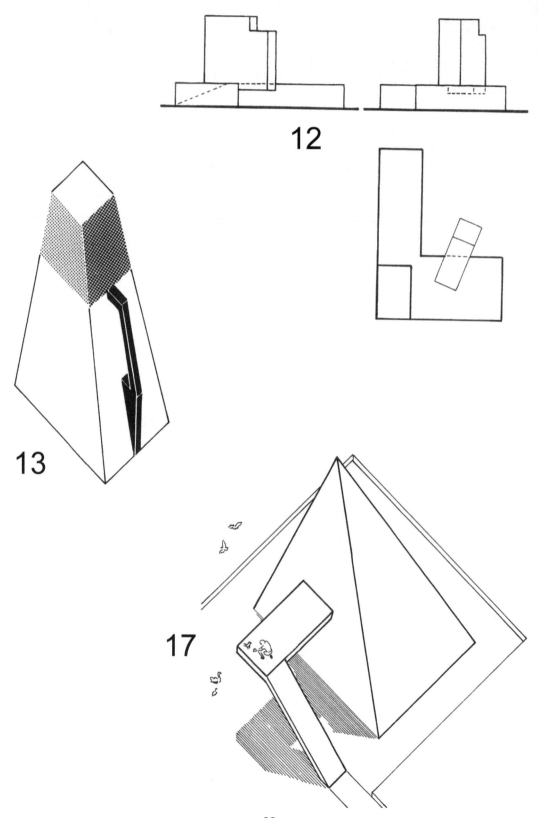

... respostas desclassificadas

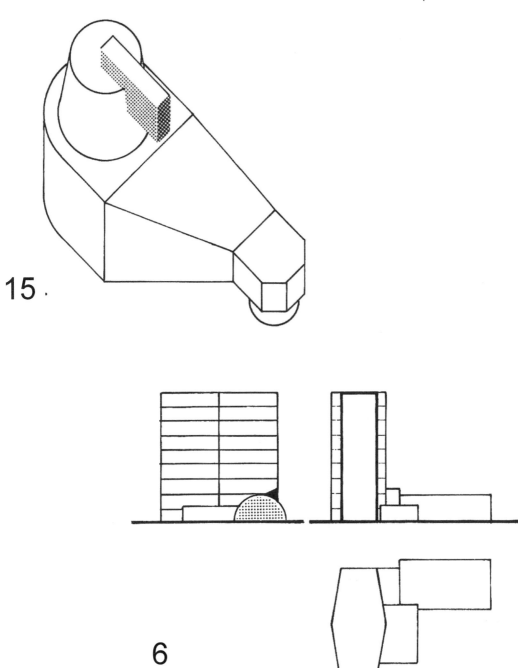

15

6

CORAÇÕES E MENTES

Capítulo 11

O filme, sucesso na estreia, pode parecer estranho como capítulo de livro técnico; resolvi usá-lo aqui pelo fato, frequentemente esquecido, de que o ensino não pode limitar-se à razão, ao intelecto. Ele precisa dirigir-se ao coração, falar de emoções, criar sentimentos.

O ritmo apressado da vida nos leva a valorizar a razão (o que é válido), em detrimento da emoção. Contudo, precisamos buscar o **equilíbrio** entre razão e emoção.

Deixarei que fale um homem de conhecida inteligência e, como se descobre após a leitura, de aguda percepção. Em suas *Notas autobiográficas*, Einstein diz: "Tive a sorte de encontrar livros que não se preocupavam com o rigor lógico, mas que permitiam a apresentação clara das ideias principais" (p. 23).

Mais adiante, na página 25: ... aprendi a reconhecer os caminhos que conduziam às noções fundamentais, deixando de lado todo o resto, tudo aquilo que sobrecarrega a mente desviando-a do essencial".

E prossegue: "O problema era que, como estudantes, éramos obrigados a acumular essas noções em nossas mentes para os exames".

"Esse tipo de coerção tinha para mim um efeito frustrante. Depois de ter passado nos exames finais, passei um ano inteiro durante o qual qualquer consideração sobre problemas científicos me era extremamente desagradável. Porém, devo dizer que, na Suíça, essa coerção era bem mais branda do que em outros países, onde a verdadeira criação científica é completamente sufocada".

Palavras verdadeiras, porém pouco conhecidas. No trecho seguinte, Einstein comenta a curiosidade, a liberdade e a noção do dever; deveria ser leitura conhecida de todo professor!

A AULA VIVA

Acho que está no fim aquela concepção de que, para alguma coisa valer a pena, deve existir sofrimento, enquanto o divertimento é moralmente inaceitável. Pode-se ensinar por meio de jogos, a aula pode ser alegre e divertida e você pode aprender assim. Por sinal, aprende mais. E verifica-se que uma aula pode ter muitas horas e não ser cansativa.

Se você é dos que não gostam que os alunos façam barulho na classe e prefere a ordem e a disciplina, pense nisto: o cemitério é um dos lugares mais ordeiros e tranquilos do mundo, mas ninguém gosta de ir para lá. Então, imobilidade e silêncio não significam muito se o objetivo é a aprendizagem. E a aprendizagem pode ser feita com os alunos movimentando-se, conversando, trabalhando. Eles estão se divertindo, mas, também, aprendendo. Vamos acabar de vez com essa história de que o ensino tem de ser um sofrimento e que divertimento é apenas prazer. Qualquer pessoa normal pode (ou deve) se divertir enquanto trabalha ou aprende.

A intuição aceita a dúvida e o erro. Não há certeza absoluta e nem resposta única. Portanto, intuição é uma busca de conhecimentos e, como tal, deve ser aceita e estimulada. Por exemplo: pense no número DEZOITO. Qual é a metade de 18? Para o pensamento lógico e racional só há uma resposta: nove. Para a intuição esta é apenas UMA das respostas. A metade de 18 pode ser 10, se você divide o número por uma linha horizontal. Também pode ser DEZC, se você corta a palavra ao meio por uma linha vertical. Há, pelo menos, outras onze respostas e esta busca de alternativas se faz com imaginação, com criatividade, o que, em última análise, é outro nome para a inteligência.

Afinal, o que você prefere? Alunos passivos que sabem muito ou pessoas ativas e inteligentes?

CONHECIMENTO E INTUIÇÃO

É perfeitamente natural que uma pessoa fique satisfeita e, até certo ponto, orgulhosa de saber muito; contudo, isto não dá a esta pessoa o direito de achar os outros todos burros. Muitas vezes acontece que os outros sabem coisas que nós desconhecemos, apenas não sabem se expressar. Dê uma chance aos outros.

A intuição é uma espécie de percepção não racional, é a soma de **experiências** anteriores registradas pelos **sentidos**, não pelo intelecto. É bem diferente de memorizar conhecimentos e, por isso, grifei as palavras EXPERIÊNCIA e SENTIDOS. É necessário fazer, experimentar, tanto como perceber e sentir.

Na sala de aula ou fora dela, o ser humano tende a tornar-se aquilo que se espera, aquilo que dele se prevê. No ocidente, isto se chama Efeito Hawthorne. Seja onde for, há uma previsão amplamente inconsciente que deve ser usada para ativar as reservas.

"O conhecimento não é um fim em si. O objetivo é a evolução de toda personalidade e o florescimento do ser humano". (Losanow)

SOBRE A ARTE

Segundo Losanow: "A arte quebra a atitude mental da secura, que é a da razão crítica".

E acrescenta: "A intelectualidade e a razão nos afastam do ritmo. A arte é ritmo: música, dança, cor, luz, composição na pintura".

DA SUGESTÃO

"Quanto mais somos inteligentes, mais somos sugestionáveis". (Henry Durville)

A sugestibilidade está ligada à abertura de espírito, à adaptabilidade, à capacidade de acolher e de assimilar ideias e sentimentos novos. Losanow ensina que são três as barreiras anti-sugestivas:

- A razão crítica.
- A barreira emocional ou intuitiva-afetiva que rejeita tudo que provoca desconfiança ou insegurança.
- A barreira ética: ninguém aceita o que vai contra suas normas.

Contra a aceitação da sugestão há o efeito inconsciente: a pessoa se julga incapaz, não bastante inteligente, ou sem forças para vencer, ou que não é dotado para isto ou aquilo. São normas sociais negativas, preconceitos, o medo da novidade. Mas não se dessugestionam diretamente os indivíduos e sim, indiretamente.

SOBRE O PROFESSOR

Devemos dar ao aluno confiança em suas próprias capacidades, eliminar temores e tensões, sabendo que o medo está na origem da maioria das doenças.

É importante que o professor tenha a **autoridade** derivada do conhecimento da disciplina e o **prestígio** do comportamento pessoal, e que use ambos num clima de mútua **confiança**.

A confiança do professor vem da sua força e equilíbrio interiores e aparece - em sugestão indireta - no timbre e nas entonações da voz, nas expressões de seu rosto, em seu olhar, em seus gestos e nas atitudes de seu corpo. Tudo deve levar a uma microcomunicação inconsciente; é uma sugestão suave e sutil e, justamente por isso, provoca reações fortes.

AINDA A AULA

A comunicação entre os estudantes deve ser liberada, assim que forem apresentadas as primeiras noções. Ela pode ser estimulada por meio de jogos e de exercícios, em que um estudante propõe um problema e seu colega resolve. Por exemplo: um aluno desenha duas vistas de uma figura e outro procura fazer a terceira vista ou um faz as três vistas e outro desenha a perspectiva ou vice-versa.

Fazer e inventar: um clima de leveza, fantasia, bom humor, alegria, sorrisos, descontração, a felicidade de aprender. A imaginação aberta à criatividade.

Evitar atribuir notas. A competição escolar está eliminada.

O POTENCIAL HUMANO

Cientistas alegam estar comprovada a existência de 80 a 100 bilhões de células cerebrais e o fato de que somente 4% delas funcionam efetivamente. Se assim é, temos 96% de reservas não ativadas.

A ativação dessas reservas deve ser consciente no professor e inconsciente nos alunos, dizem eles.

Como todo bom profissional, o professor deve ser um ARTISTA do ensino. E como artista autêntico, ele é sincero. Quer dizer: é inútil a pose teatral e artificial. Aquela microcomunicação é fruto de um amor à profissão e ao trabalho colocado a serviço dos outros.

Toda arte autêntica pressupõe um mínimo de técnica e de exercício metódico. Esta é a lição de Lao Tsé: "As grandes coisas devem realizar-se através do imperceptível".

"O QUE O PROFESSOR ENSINA NÃO É O QUE ELE SABE; É O QUE ELE É".

Tudo isso é dito para que o professor não se sinta angustiado, como o autor do texto a seguir.

"EU LECIONEI A TODOS ELES"

"Tenho ensinado no ginásio por dez anos. Durante todo esse tempo, eu lecionei a, entre outros, um assassino, um evangelista, um pugilista, um ladrão e um imbecil.

O assassino era um menino que sentava no lugar da frente e me olhava com seus olhos azuis. O evangelista era o mais popular da escola; era o líder dos jogos entre os mais velhos. O pugilista ficava parado perto da janela e, de vez em quando, soltava uma gargalhada abafada que até fazia tremer os gerânios. O ladrão era um coração alegre, diria libertino, sempre com uma canção jocosa em seus lábios. O imbecil, um pequenino animal de olhar macio, dócil, procurando as sombras.

O assassino espera a morte, numa penitenciária do Estado; o evangelista está enterrado, há um ano, no cemitério da vila; o pugilista perdeu um olho numa briga em Hong-Kong; o ladrão, na ponta dos pés, pode ver, da prisão, as janelas do meu quarto; o imbecil, de olhar macio, bate com a cabeça na parede forrada de uma cela, no asilo municipal.

Todos estes, um dia, sentaram na minha sala de aula. Sentaram e olharam para mim, gravemente, de suas carteiras escuras e usadas.

Eu devo ter sido uma grande ajuda para estes alunos...

Eu lhes ensinei o esquema encontrado nos versos alexandrinos e como colocar em diagrama uma sentença completa".

(N. Johan White)

Capítulo 12

(RES)PINGOS DE EXPERIÊNCIAS

- O ensino de GD deve ser muito mais uma comunicação de experiência do que a transmissão de informações.

- Se o professor tem medo de que seu aluno venha a superá-lo, não deveria jamais escolher esta profissão.

- Dar mais atenção ao aluno do que aos programas.

- O aluno deve sentir-se livre para perguntar tudo ao professor; não pode haver barreira nem intimidação. O professor não precisa saber tudo e provavelmente não tem todas as respostas. Basta ser sincero: dizer o que sabe e orientar onde procurar a resposta que não sabe.

- Ficar "à vontade" não é pôr os pés sobre a mesa ou assistir à aula sem camisa. Presume-se que haja educação doméstica pois, caso contrário, estas atitudes chocarão os próprios colegas.

- Para as perguntas mais simples e rotineiras, orientar o aluno para que ele próprio descubra as respostas. Como? Ao invés de responder diretamente, fazer perguntas ao aluno, conduzindo seu raciocínio. Nenhuma pergunta é tola, a não ser que o aluno queira ridicularizar o professor, o que vem a acontecer muito raramente ou nunca, desde que o aluno seja tratado com respeito. Se o professor lhe dedica (um mínimo de) atenção e bastante educação, certamente terá retorno na mesma moeda. Algumas vezes, com juros e correção monetária.

- A atenção não é constante e reduz-se ao longo de uma exposição meramente verbal, o que é comum em aulas teóricas. Cabe lembrar o método de ensino da escola **zen**, que usa, após um período de concentração, uma atitude inesperadamente dramática do mestre ou uma quebra do ritmo com uma história de humor.

- Pode ser mais fácil raciocinar na idade adulta em termos de abstração e especialmente se a pessoa possui não apenas a experiência, mas também uma base concreta. Isto não acontece com o principiante, sem base e tateando um caminho para andar, não um jato para voar.

- Não há inconveniente em deixar os alunos discutirem soluções de problemas: uns ensinam aos outros. O perigo é aquele que copia sem compreender o que está fazendo, o porquê das coisas, o desenhar sem pensar, a tentativa inútil de decorar soluções. Se o problema apresenta alternativas de soluções, isto é, respostas divergentes (as de maior valor pedagógico), somente a compreensão do processo leva ao traçado correto. Então, recomendo deixar que o aluno consulte seus livros e suas anotações; quantos queira, mas de preferência as suas próprias fontes, pois isto o leva a ser organizado. Quem não é organizado hoje e não tem seus próprios arquivos, paga duas vezes: os impostos, as contas de água e de luz, etc.

- *Humor na sala de aula? Por que não? Ajuda a quebrar a tensão, descarrega a bile. Basta que o dito e o riso sejam curtos, não tomando todo o tempo; o humor deve ser uma PAUSA. Lembre-se de que o humor sadio está ligado à inteligência; Koestler já o demonstrou. Se a piada é tola, morre ali mesmo; se for interessante, propaga-se espontaneamente. Divirta-se, também enquanto trabalha. A medicina recomenda.*

- Para fins de organização curricular, é compreensível o uso de rótulo, a separação de disciplinas. Inaceitável, em meu entender, é estabelecer limites estritos e estreitos para os assuntos. Na representação diédrica de uma pirâmide, por exemplo, é artificial a separação das etapas de Desenho Geométrico, Desenho Técnico e Geometria Descritiva. Podemos dizer o mesmo da representação gráfica de uma curva: é impossível estabelecer o limite entre a Matemática e o Desenho Geométrico.

- Muitos dizem, após os exames finais: "Descritiva nunca mais". É uma reação saudável contra uma coisa que não fazia sentido. Mas é preciso mostrar que a Geometria está em toda a parte e que o ensino pode ter sido mal feito. A Descritiva, como a própria Matemática, é um exercício para determinadas faculdades mentais, uma ginástica como a dos músculos. Se você não usa um órgão, ele se atrofia. E quem gostaria de ter um cérebro atrofiado?

A GEOMETRIA DE HOJE

Em 1623, Galileu disse que a Filosofia está escrita no grande livro do Universo e que este usa a linguagem da Matemática e "seus caracteres são triângulos, círculos e outras figuras geométricas, sem as quais é humanamente impossível entender uma simples palavra dele".

Poucos anos depois, Galileu foi coagido a retirar o que havia afirmado sobre o movimento da Terra. O mundo é o mesmo, mas a ciência mudou. Em 1984, Benoit Mandelbrot, criador da Geometria Fractal, dizia:

"Por que, frequentemente, a geometria é considerada fria e seca? Uma razão está na incapacidade de descrever a forma de uma nuvem, montanha, costa ou árvore. Nuvens não são esferas, montanhas não são cones, costas não são círculos, o tronco da árvore não é liso, nem a luz percorre uma linha reta... A Natureza mostra não apenas um grau mais elevado, mas níveis totalmente diferentes de complexidade. [O número de distintas escalas de medida de padrões é, para todos os fins, infinito]. E prossegue: [...] "A existência destes padrões desafia-nos para estudar aquelas formas que Euclides deixou de lado, por considerar sem forma, [desafia-nos] para investigar a morfologia do amorfo. Os matemáticos têm desprezado este desafio, contudo, e têm, de modo crescente, preferido fugir da natureza, criando teorias desligadas das coisas que nós podemos ver e sentir".

ALIENAÇÃO

Em 1913, Jean Perrin, físico francês, escreveu *Les Atomes*, obra que influenciou Norbert C. Wiener, criador da Cibernética: "Os matemáticos compreenderam a falta de rigor das tangentes a um conjunto de bolhas de sabão"; e, mais adiante "as tangentes às curvas regulares parecem não ser senão um exercício intelectual, engenhoso, sem dúvida, mas, em definitivo, artificial e estéril, onde se acha metido até a loucura o desejo de um rigor perfeito".

OS FINS DO ENSINO

A concepção de ciência, como foi colocada depois de Galileu, ou seja, somente é científico o que pode ser medido e quantificado, levou ao exagero de se afirmar que só é real o que pode ser quantificado. Adulterou-se a concepção grega da natureza como coisa viva, sempre em transformação e não divorciada de nós. Criou-se um mundo morto, onde os sentidos não existem: nem visão, nem tato, nem olfato, nem paladar, nem audição. Junto com eles se foram o espírito, a ética, a estética, os valores, a qualidade e sabe-se lá o que mais. A ciência tornou-se mecanicista e fragmentada.

Essa ciência tem uma linguagem descritiva apropriada aos seus fins. A concepção de Monge é bem característica desta ciência de seu tempo: sua geometria é descritiva e fragmentada. Mais escrita do que imagem. A representação de Monge, ao invés de se preocupar em retratar, procura antes analisar, sob forma gráfica, os elementos primordiais do objeto. Isso fica expressamente caracterizado na representação do hiperbolóide: uma reta e o círculo de gola! Nada de geratrizes que visualizem a figura ou seu contorno, nada de síntese, nada que se aproxime da visão global da forma. Pelo contrário: ele dá as projeções fragmentadas, diédricas ou triédricas, do círculo de gola e da reta tangente.

Percebe-se, na GD de Monge, a preocupação fundamental de analisar, não de representar. Este conceito subliminar (jamais explicitado claramente) foi passado adiante e chegou até nós, sempre oculto por uma gramática teórica mais preocupada em classificar retas e planos do que em fazer representações de objetos ou em desenvolver a visualização. Essas classificações, aliás, eram ausentes nos primeiros cursos dados por Monge e destinados aos engenheiros militares que dominariam, sob as ordens de Napoleão, boa parte da Europa.

Não se pode admitir a neutralidade da ciência e do ensino. Napoleão tinha um objetivo; o nosso também existe, mas é outro. Devemos integrar a população num nível de vida melhor. Não chegaremos a isso com uma ciência fechada em torre de vidro, mas fazendo-a acessível à maior quantidade de pessoas. Enquanto não se decifra a charada do raciocínio visual, precisamos tirar do ensino da GD a poeira de velhos alfarrábios.

Dante, e muitos outros antes dele, criticam a ciência utilitária *"per acquistar moneta o dignità"* (para obter dinheiro ou dignidade: título de nobreza na época). Não estou em busca de dinheiro (ganhar dinheiro no ensino é piada), se bem que não seria mal acertar na loteria, e não vou conquistar outra dignidade além da que possuo entre os que me conhecem.

Entre os dois extremos, de um lado a teoria pura e do outro a ciência aplicada, sou humano e, como ser social, optei pela sociedade. A ciência utilitária pode apenas planar baixo no vasto campo do conhecimento, enquanto a teoria chega à estratosfera num balão com meia dúzia de pessoas. Nessas alturas, os baloneiros teóricos teriam ocasião de refletir sobre a matemática e como ela tentou eliminar a reflexão sobre o conceito do tempo, que é essencial e não eliminável, chegando à conclusão de que seria perda de tempo; não existe matemática pura!

O ensino deve estar centrado na formação do indivíduo e no seu desenvolvimento como pessoa, levando-o a pensar em seu preparo para a vida profissional e pessoal. O ideal grego da vida filosófica era apoiado em uma casta de escravos, inconcebível na sociedade atual. No caso específico de Dante, percebe-se que é muito fácil filosofar com a barriga e o bolso cheios; no entanto, como Dante imaginaria o inferno da vida com um salário mínimo ou menos do que isso?

Que coisa poderia recompensar mais o educador que a satisfação de receber um aluno mal preparado e aprová-lo, algum tempo após, mais experiente e mais rico em conhecimentos e em habilidades, mais seguro de si?

ENSINAMENTO DE MONGE

Já dissemos que Monge não deu os nomes e nem classificou as retas e os planos tal como vieram a se tornar conhecidos: retas de topo, de perfil, de nível e outras.

É perfeitamente dispensável a verbalização dessas nomenclaturas e classificações; para o aluno iniciante, este verbalismo e este preciosismo lógico não ajuda em nada. A visualização é mais importante do que a verbalização. De início, o professor pode contentar-se em falar apenas de planos e retas paralelos, verticais e horizontais; o que não se enquadra nestas categorias é reta ou plano qualquer, portanto, oblíquo.

Vale a pena frisar que Monge, em seu primeiro curso na Escola Normal, insistia na necessidade de realizar exercícios práticos, chegando a recomendar "cinco vezes menos [lições] para a teoria do que para a prática". A citação é do livro de René Taton, página 80, *L'oeuvre scientifique de Gaspard Monge*.

Outra observação relativa aos cursos de Monge é que ele NÃO introduzia diretamente as projeções ortogonais na primeira aula, e explica "ter seguido a marcha natural do espírito para habituar os alunos ao emprego dos objetos e dos processos estudados em GD". É o que nos diz Taton, na página 91 daquela obra. A meu ver, o próprio Monge colocou uma pá de terra no ensino de Descritiva a partir de abstrações quando fala de OBJETOS e da "marcha natural do espírito" (mente ou raciocínio, entende-se). Assim, Monge coloca-se no lugar do aluno, capacidade que nem todo professor possui, mas que todo educador deve ter.

Na mesma página, Taton resume o fraseado gongórico de Monge, que fala do "espetáculo que se tem sempre sob os olhos". Notem: para Monge, a épura deveria ser um espetáculo! Monge também fala sobre "excitar" o aluno e ver "bater seu coração" (vale a pena comparar com Plutarco na página 122). Não há a menor dúvida: ele era realmente um educador. Descobriu por intuição, o que a Medicina comprovou, mais de dois séculos depois: "sem emoção não há fixação" (memória).

Os seguidores de Monge, talvez dotados de menor capacidade pedagógica, deixaram-se dominar pelo caminho lógico e não pela "marcha natural do raciocínio". Desculpa-se a falha dos professores do século passado, mas o pecado é injustificável nos mestres de hoje.

O TRABALHO INTUITIVO

Quando mexe com coisas que aprecia, você o faz de maneira inconsciente. Imagine alguém que gosta de carpintaria; no momento de serrar uma peça de madeira, esta pessoa NÃO PENSA no ângulo do serrote com a peça, na força e no ritmo que deve usar; tudo isso é feito automaticamente.

Desenhar um objeto, real ou inventado por você mesmo, deve ser uma operação automática e agradável. Você risca enquanto ouve música ou conversa com alguém. Se você NÃO PENSA no que está fazendo, pode ser sinal de que o inconsciente está trabalhando por você.

Nesse estado de consciência ligeiramente alterado, você não está sendo controlado pela parte racional do cérebro. A *pessoa perde a noção do tempo* e até pode chegar a deixar passar o horário das refeições ou o final da aula.

O ensino do desenho bi e tridimensional deve dar acesso ao lado direito do cérebro, que comanda a capacidade inventiva, intuitiva e imaginativa. A atividade deve ser agradável; assim você se desliga do mundo das palavras, do raciocínio lógico e sequencial. Há quem fale de sonhar acordado. O uso do lado direito do cérebro tende a tornar você capaz de gerar soluções novas e criativas para problemas pessoais ou profissionais, pois você está utilizando uma parte do cérebro que habitualmente fica adormecida ou sufocada por falta de uso.

Você já ouviu falar de treinamento para a imaginação, a visualização, a intuição, a inteligência ou a inventividade? Alguém já lhe mostrou como usar a emoção ou como desenvolver os sentimentos ou a percepção? Ou como treinar a vontade?

O potencial do cérebro é quase ilimitado. O lado racional recebe treinamento na escola, mas o lado intuitivo é, em geral, deixado ao cuidado de cada um, sem que se diga, sequer, que ele existe.

Enquanto o raciocínio lógico é sequencial, o pensamento intuitivo dá saltos. Quando você pensa em cimento, por exemplo, pode juntá-lo com areia mais água para produzir um aglomerante ou argamassa; é típico do pensamento lógico trabalhar com o padrão "causa-e-efeito" e, em geral, repetindo o PASSADO. O raciocínio intuitivo levou, por exemplo, a associar uma resina (cola) com estrias de vidro (isolante térmico) para criar a fibra de vidro usada em barcos, automóveis, balcões de cozinha etc. Deu origem a um material antes inexistente, portanto, projetou para o **futuro**, ao associar elementos aparentemente sem relação entre si.

Temos, então, o hemisfério direito do cérebro que atua na modalidade intuitiva, subjetiva, atento às relações entre as partes, independente do tempo e capaz de processar informações numa configuração global (síntese). Não é dado a analisar; encara cada coisa como ela é agora. Ele cria associações, metáforas e formas: coisas novas.

O hemisfério esquerdo é verbal, racional, temporal, abstrato; ele faz o processamento lógico e sequencial de partes separadas. É simbólico e analítico. Cria demonstrações de coisas existentes.

Outras informações, o leitor encontra em nossa obra *A Invenção do Projeto*, que descreve os conhecimentos atuais sobre o cérebro e está repleto de exercícios para desenvolver a criatividade.

Capítulo 13

O ENSINO DA VISUALIZAÇÃO

O ENSINO E O CONHECIMENTO

Boa parte dos professores de Geometria Descritiva conta histórias sobre alunos que não "veem" a imagem da figura dada por suas projeções.

Para tratar do assunto de forma objetiva, torna-se necessário definir alguns conceitos e posições acerca do ensino de Geometria Descritiva. Há uma concepção de aulas centradas na repetição oral de definições e demonstrações com base em épuras feitas a giz ou na tela. A reprodução do saber clássico poderá estar correta, mas, daí em diante, o processo falha: o aluno, salvo exceções, é incapaz de operar com as informações que recebeu. Apesar das demonstrações lógicas e dos raciocínios impecáveis, o conjunto não funciona na mão do aluno. Falta o amadurecimento, a indispensável sedimentação de tantas informações novas para que o aluno possa trabalhar com um sistema diferente daquilo que ele usava empiricamente para desenhar. É algo como ouvir a preleção do instrutor de natação e acompanhar, no seco, os seus gestos e posturas; ao mergulhar na piscina, o aprendiz naufraga. A Geometria Descritiva está cheia dessas vítimas do mau ensino que se centra na exposição, concentra-se na razão e não entra em ação.

São Francisco de Assis, o suave patrono dos animais, soube expressar este fato, ao dizer que "o conhecimento do homem é aquele que ele usa".

No contato com o aluno e na experiência da vida, percebe-se logo que o ensino só existe quando o aprendiz retém informações e pode aplicá-las em idéias e instrumentos. Assim, o progresso do aluno se mede pela capacidade de pensar por si e de criar ideias próprias. Isso vale na escala do indivíduo, tanto como na da sociedade.

Em minha visão, a educação deve ser um instrumento de liberação do enorme potencial do ser humano. Só o homem que pensa e cria alguma coisa se realiza como pessoa.

UMA ESTRUTURA DIFERENTE

Tentar fazer o aluno decorar épuras e traçados pouco tem a ver com o ensino da GD. Na maioria dos cursos profissionais, o ensino da GD deve ter como objetivo final visualizar figuras, reais ou imaginadas, e fazer sua representação em sistemas gráficos.

Essa visualização pode ocorrer fácil e naturalmente em alguns alunos, que progridem por si sós após uma breve exposição teórica. Sucede, entretanto, que algumas pessoas possuem uma estrutura cerebral que difere um pouco do padrão mais geral, caracterizando-se por sua total incapacidade de visualizar as relações espaciais de figuras. Neurofisiologistas estimam que esta estrutura cerebral diferenciada esteja presente em quase 20% dos adultos. Mas, esclarecem os cientistas, esse cérebro diferenciado não implica em redução da capacidade intelectual, mas sua substituição por outra faculdade que poderá ser uma excepcional capacidade para o raciocínio lógico e abstrato ou o domínio incomum de cálculos mentais altamente complexos.

Fica claro que este tipo de pessoa não deixa de ser inteligente por não visualizar imagens tridimensionais. É óbvio, no entanto, que tais pessoas adaptam-se melhor a atividades que não envolvam a utilização da visão espacial, devendo dar preferência às suas habilidades pessoais específicas.

HABILIDADES MENTAIS

Já que falamos de habilidades mentais, é oportuno frisar que a visualização é uma delas e, como tal, pode ser desenvolvida pelo treinamento, tanto quanto a própria inteligência.

O que se segue é a abordagem desse treinamento voltado para o aluno que está fora daqueles dois extremos: o da quase total incapacidade de imaginar relações espaciais e o da visualização imediata.

O pensamento em imagens, ao contrário do pensamento verbal originado no hemisfério esquerdo do cérebro, se processa no hemisfério direito. Por se tratar de assunto ainda pouco divulgado, julgamos que merece ser melhor esclarecido.

Passemos, então, uma vista rápida sobre o funcionamento do cérebro. Não é insensato dizer que temos dois cérebros: o direito e o esquerdo. O esquerdo é a sede da razão, do pensamento abstrato, da escrita, do raciocínio sequencial e convergente. Cabe ao cérebro direito comandar a intuição, o pensamento em imagens, o raciocínio divergente. O primeiro é analítico, o segundo faz sínteses. Um é controlado, o outro é emotivo. Eles trabalham intimamente ligados, em-

Geometria Descritiva

bora na sociedade ocidental, o comando caiba predominantemente ao cérebro esquerdo: o pensador racional prevalece sobre o artista. A prioridade que damos à inteligência analítica é um reflexo disso. No entanto, Garcia Lorca já falava: "é preciso vir em ajuda à civilização". E Einstein completa: "não faça do intelecto o seu deus. Certamente ele tem muita força, mas nenhuma personalidade".

Voltemos ao assunto da visualização e de como treinar essa habilidade. Tanto a experiência como o senso comum mostram que a capacidade de ver imagens mentais de formas espaciais assume graus variáveis, desde a percepção fácil e rápida até o embotamento e a demora para compreensão.

O PRIMEIRO TESTE

Essa variação fica evidente num teste em que se pede ao aluno a representação volumétrica (perspectiva cavaleira, isométrica ou cônica feita em esboço rápido) de uma figura dada em vistas ortogonais. Em alguns casos, o esboço flui com rapidez, elegância e beleza, mas, presume-se, para muitos alunos aquelas vistas ou épuras não parecem compor uma imagem única. Tudo leva a crer que o aluno olha sem entender o significado das vistas, não "vê" o que está por trás (ou à frente) das projeções ortogonais. De longa data me preocupa e ocupa o que provoca essa dificuldade e o que ela significa. Será que o aluno não chega a formar uma imagem mental, isso é, não visualização? Ou ele visualiza, mas não consegue representar a volumetria?

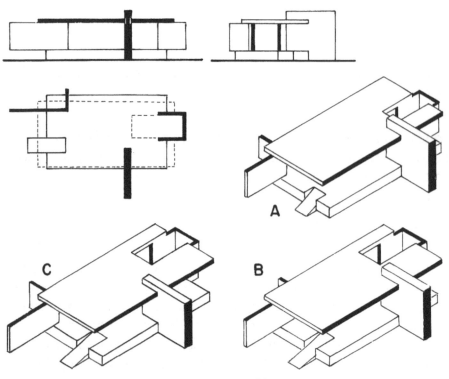

UMA HIPÓTESE E O SEGUNDO TESTE

Em busca de respostas a essas questões e outras relativas à percepção espacial, elaboramos uma série de testes. Um deles é constituído de objeto definido por suas três projeções mongeanas, tendo ao lado várias perspectivas desenhadas, das quais somente uma é correta (há dois exemplos na página seguinte). O índice de acertos é extremamente elevado, situando-se em torno de 90%.
Em nossa interpretação, isso significa que:
a) A maioria dos alunos consegue **ver** no espaço a figura dada por suas projeções mongeanas.
b) A maioria dos alunos não consegue **expressar** a volumetria correta.

Parece-nos legítimo deduzir dessas hipóteses que o aluno, em grande proporção, visualiza os objetos representados, sendo que sua dificuldade maior está na falta de treinamento da representação. Não resta dúvida de que a capacidade de representação espacial terá de ser testada em maior quantidade de pessoas e de testes, a fim de confirmar ou não as hipóteses acima. A partir delas ou de novas hipóteses que venham a ser formuladas, abre-se caminho para a compreensão do mecanismo da visão espacial.

RACIOCÍNIO ESPACIAL

Trata-se de assunto estudado na Inteligência Artificial (I.A.), porém inédito e totalmente descurado pelo ensino de Desenho, a merecer atenção de cursos de pós-graduação e de pesquisadores da área de Desenho e Psicologia Cognitiva. A bibliografia sobre o assunto é restrita e limita-se, em geral, aos aspectos fisiológicos da visualização de objetos vizinhos, sem se aprofundar no nível do mecanismo do raciocínio e da síntese espacial. Em uma pesquisa que iniciamos há alguns anos, encontramos sérios obstáculos por nos faltar o domínio da Psicologia Cognitiva e, à psicóloga, a compreensão do raciocínio espacial, de forma que o estudo ficou a meio caminho por falta de intérprete comum aos dois lados. Enquanto as pesquisas não avançam, propomos aqui uma série de abordagens para orientar o treinamento da representação espacial e, paralelamente, a verificação e o estudo do mecanismo da visão espacial e do raciocínio que lhe dá origem.

Descrevemos anteriormente dois itens para o treinamento e verificação da habilidade espacial de representação gráfica. Trata-se de:
1. fazer a perspectiva rápida (esboço) de um objeto definido por suas projeções mongeanas.
2. do problema inverso deste.

Devemos acrescentar que o primeiro item poderia ter o desenho substituído pela modelagem em barro ou sabão; cabe, entretanto, lembrar que a demora na construção do objeto ensejaria ao aluno tempo mais dilatado para a compreensão global da figura. Resta definir se essa demora interfere na avaliação da sínte-

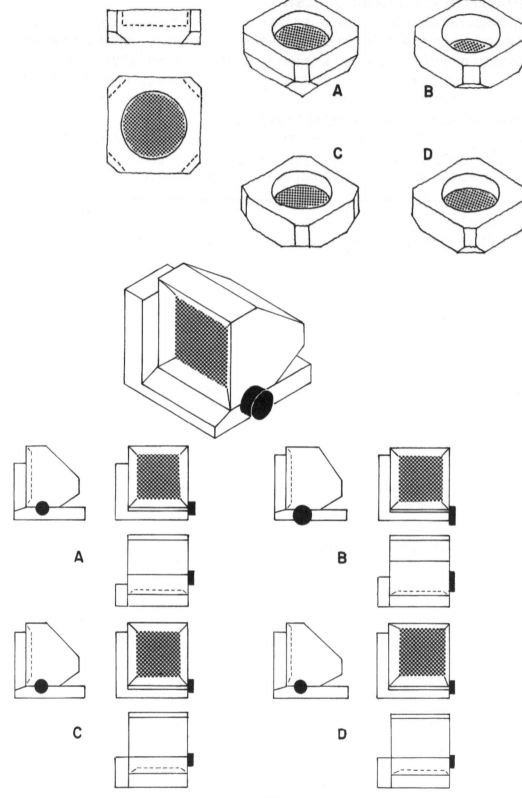

se da figura; acreditamos que, na fase de treinamento, o recurso da modelagem e o seu inverso (dado o objeto, fazer suas vistas principais) sejam muito úteis, mas temos dúvidas quanto à sua utilização no processo de avaliação.

Com relação às figuras a serem visualizadas, tivemos a preocupação de utilizar objetos do mundo real em vez de sólidos geométricos puros. Justificamos essa opção pelo fato de que, se pretendemos ensinar um ou vários sistemas de representação gráfica no início não devemos criar o problema adicional de fazer o aluno entender a figura. Por usar objetos da vida diária, formas conhecidas que o aluno tem arquivadas em sua memória, estamos nos concentrando no problema principal, que é **fazer inteligível** a representação. Depois de vencida esta etapa caberia, só então, o uso de formas geométricas puras, se o professor julgar que o mundo profissional não possui suficientes modelos para ilustrar suas aulas. Na verdade, ocorre o inverso; há exemplos de sobra em projetos de profissionais de boa qualidade. Dessa forma, o aluno começa a ter contato com futuros colegas de trabalho desde cedo.

UM PROBLEMA ABERTO

Ao observar o método de trabalho dos alunos no ato de esboçar uma perspectiva, podemos verificar a tendência para representar vários planos em superposição, isto é, sem lhes marcar a profundidade. Terá ocorrido uma pregnância indevida do conceito de projeção? Estamos diante de deficiência da visão tridimensional? Ou seria, mais uma vez, uma decorrência da falta de domínio da representação espacial?

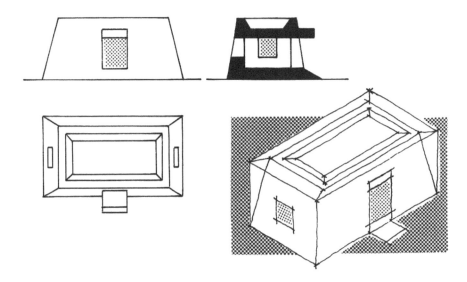

Alunos que desenham desta maneira chegam a estruturar o envoltório do objeto (cubo, paralelepípedo, cilindro) sem perceber a representação do modelo envolvido, como se vê no exemplo acima.

A SEQUÊNCIA DO DESENHO

Quando alguém vai esboçar a perspectiva de um objeto, começa, habitualmente, por definir suas proporções gerais e o envoltório ou caixa que contém a figura. Há casos em que o desenhista não vai além da caixa; outros (raros) começam desenhando um detalhe ou parte da figura e acrescentam planos e porções (partes), até a conclusão da figura.

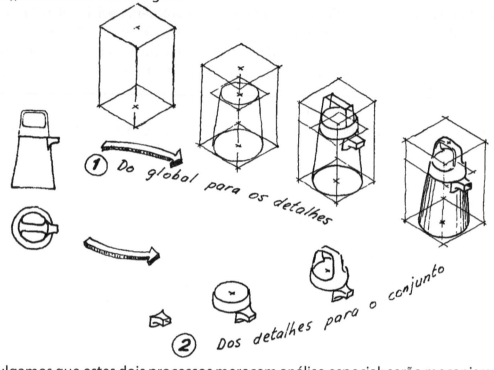

Julgamos que estes dois processos merecem análise especial: serão mecanismos diversos de raciocínio espacial? Qual o significado destas duas sequências da representação gráfica?

Supomos que exista uma coordenação muito estreita, quase absoluta, entre a visão espacial e a habilidade manual no caso da sequência que vai dos detalhes ao global. Mas, essa é a dúvida, haveria aqui predominância total do hemisfério direito?

O OBJETO E O OBSERVADOR

É claramente perceptível a insegurança que tem o principiante, quando solicitado a definir a vista mais representativa de um objeto ou projeto. Isso sugere possível dificuldade para visualizar um objeto dado por suas projeções. Essa hipótese é reforçada por outra observação: superado o problema da escolha da posição do observador em relação ao objeto, permanece a demora para representar uma nova imagem do objeto visto de outra posição. Tal fato não deveria ocorrer se a pessoa tivesse uma síntese mental do modelo: reconhecemos um objeto conhecido, um caminhão, por exemplo, quando ele aparece desenhado em perspectiva, seja ela vista de baixo, de trás para a frente ou de qualquer outro ponto de vista. Daí tivemos a ideia de formular testes baseados em desenhos do mesmo objeto visto de diferentes posições, sendo uma destas perspectivas incorreta. Se a pessoa identifica o desenho incorreto e o justifica, então sua memória e percepção espacial são bem desenvolvidas.

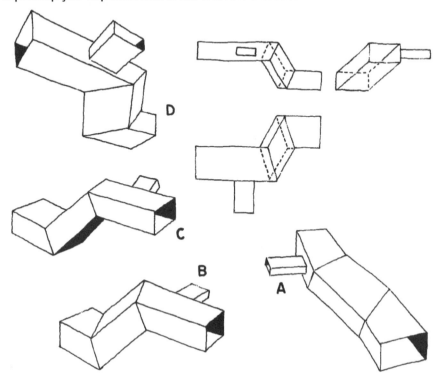

O exercício torna-se mais ágil se o professor tiver ao seu dispor um programa gráfico capaz de gerar imagens em diversas posições (perspectiva dinâmica), de modo que se possa partir de erros mais grosseiros até, por aproximações sucessivas e na medida do progresso do aluno, chegar a erros mais ou menos sutis que exijam atenção máxima para o seu discernimento.

A SOMBRA CONVENCIONAL
Bons livros de Geometria Descritiva geralmente desenvolvem o estudo da sombra convencional de figuras geométricas. Temos observado, no entanto, a pouca atenção que se vem dando ao assunto em livros e programas recentes.
Trata-se de grave erro didático, pois a determinação da sombra é excelente recurso para desenvolver o raciocínio geométrico e, mais ainda, para estimular a percepção do espaço tridimensional.
Para motivação e exercícios há figuras bastante conhecidas (Escher, por exemplo) que permitem interpretação dupla pela consideração de hipóteses sobre a direção dos raios de luz. São fotografias, desenhos e pinturas que podem ser levadas à sala de aula com excelente rendimento.

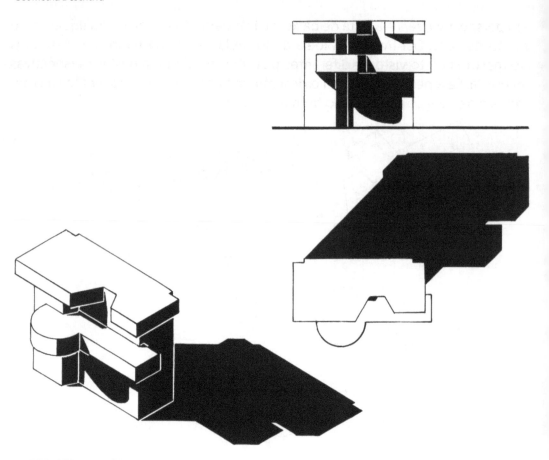

A TERCEIRA VISTA

A GD dispõe, ainda, de outro recurso, também antigo e igualmente de bons efeitos no ensino. Trata-se da determinação da terceira vista a partir de duas vistas conhecidas; a vista a ser desenhada poderá ser a frontal, a superior ou uma lateral.

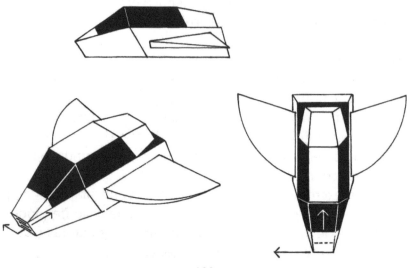

Há uma variante menos conhecida: colocado um objeto com uma de suas vistas inacessível, pede-se o desenho de três elevações visíveis, por exemplo, a lateral e a frontal a partir da observação direta do modelo. Retirado este, a continuação do exercício consiste na determinação da vista superior, que permanece inacessível, baseada naqueles desenhos. A terceira parte do exercício é o desenho de uma perspectiva do objeto que será comparada com o modelo real, só agora recolocado em seu lugar.

Podemos notar que o exercício envolve a acuidade visual e o domínio da representação gráfica no sistema diédrico e na perspectiva que vier a ser escolhida.

INTERSEÇÃO DE SÓLIDOS

O assunto amedronta alunos que tiveram contato com ele. Alguns pontos da interseção são obtidos com facilidade, enquanto outros permanecem obscuros. A ligação dos pontos em sequência ordenada, que nem sempre parece simples ao aluno, e a sua visualização parecem ser a suprema dificuldade para o principiante.

A causa pode ser o curso dado em ritmo veloz "para cumprir o programa", o reduzido domínio da linguagem gráfica, a falta de amadurecimento do aluno em relação ao assunto, alguma complexidade inerente aos exemplos, a inadequada capacidade de visualização ou, mais provavelmente, a soma de tudo isto.

Apresentamos uma abordagem nova para o assunto; começamos por um objeto do mundo real: uma casa em perspectiva. Podemos pedir que o aluno desenhe aí:

1. Janela numa fachada prefixada.
2. A representação do forro (a ser pintado) de uma sala.
3. Caixa d'água entre o forro e o telhado ou acima deste.
4. Balcão de cozinha.
5. Cadeira e mesa.
6. Tesoura do telhado.
7. Corte horizontal ou vertical.

Os exercícios escolhidos poderão ser repassados para o sistema diédrico, de modo a fixar a aprendizagem.

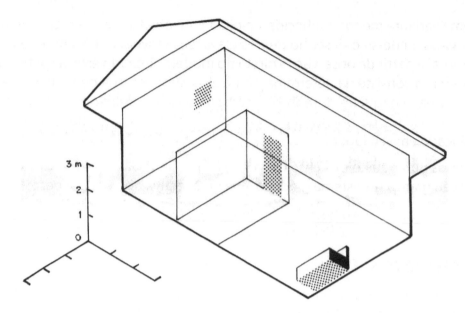

Uma variante deste exercício pode ser feita com três terrenos (indicados abaixo) tendo o relevo definido por seções longitudinais em perspectiva isométrica. Pode-se pedir, nestes desenhos:

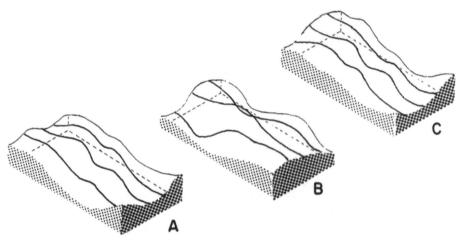

1. A determinação dos pontos de maior e de menor cota (altura).
2. A determinação de seções transversais.
3. A determinação de corte não paralelo aos limites do terreno.
4. A identificação de acidentes de relevo a partir da perspectiva dada. Por exemplo:
5. A representação ortogonal das seções já desenhadas.
6. Um corte não perpendicular às seções.
7. A representação de uma plataforma em projeção superior e sua transposição para a perspectiva isométrica.

A realização destes exercícios pressupõe bom domínio da representação gráfica em dois sistemas de representação. Isso posto, o aluno estará em condições de iniciar o estudo da interseção de sólidos.

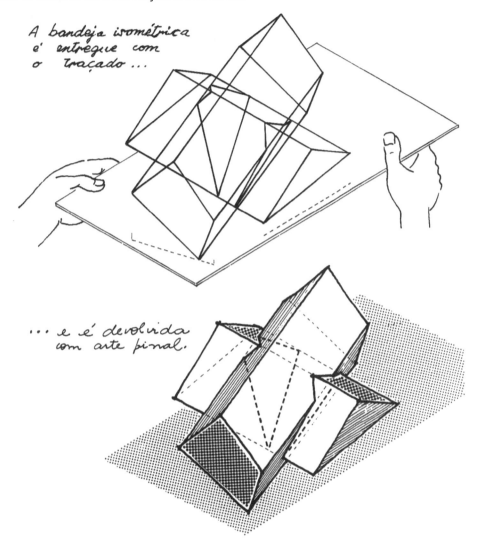

O problema de interseção terá seus dados apresentados em épura, como ocorre tradicionalmente, e terá ao lado a perspectiva isométrica da interseção totalmente desenhada(*). Esta perspectiva da interseção contém todos os pontos e linhas dos dois sólidos; mas há um detalhe: a visibilidade das linhas será definida pelo aluno. Cabe-lhe acentuar as linhas visíveis e colorir as faces à vista. É a sua primeira tarefa.

(*) Na época, não me havia ocorrido o uso da perspectiva cavaleira, bem mais adequada.

Completada e colorida a perspectiva, segue-se o desenho em épura, que vai sendo acompanhado, passo a passo, na perspectiva antes fornecida. Uma vez concluída a épura e definida a visibilidade das linhas, será a hora de planificar os sólidos. Pode-se estabelecer uma competição entre dois alunos, de modo que, aquele que concluir a épura em primeiro lugar, planifica o sólido completo, enquanto seu colega desenha o segundo sólido, com o desbaste ou corte para a colocação do primeiro sólido.

CONCLUSÕES

Estes exercícios para o ensino da visualização, no geral, não chegam a constituir novidade. Nem foi essa nossa intenção. Acreditamos que este conjunto sirva de base para avaliação e treinamento efetivos da capacidade de percepção espacial.

O discernimento do professor dirá que alterações devem ser introduzidas neste roteiro básico. Sugerimos que os colegas partilhem suas experiências, com vistas ao aperfeiçoamento do material.

Certamente o ensino terá de ser repensado por inteiro e não pode prescindir de especialistas de outras áreas do conhecimento. Dispomos hoje de recursos que décadas antes sequer eram sonhados, e temos de usá-los: os estudos sobre a mente, a psicologia da intuição, o desenvolvimento da inteligência, a computação neuronal. Sabemos que a ciência conseguiu, em fins de 1988, visualizar o processo psicológico do pensamento de um macaco na tela do computador. Logo se chegará a visualizar o pensamento espacial dos seres humanos. Aonde isso nos levará, no ensino sobretudo?

Antes de encerrar esta explanação, apresento minhas desculpas aos mestres e doutores de cuja paciência abusei, sem nada acrescentar aos seus conhecimentos.

Por fim, dedico este trabalho aos que estão na linha de frente das aulas e da carga horária. A estes heróis, que o professor Felipe dos Santos Reis chamava de "operários do giz", meus agradecimentos pela atenção.

---

[*] Trabalho apresentado no 9º Simpósio de Geometria Descritiva e Desenho Técnico na cidade de Embu, em São Paulo.

O PLANO DE DESENHO

Capítulo 14

Pode ser uma prancheta ou tela; trataremos aqui de um plano ou planejamento para o ensino de Desenho (bi e tridimensional).

A AULA DE DESENHO

O professor pede o traçado da mediana de um triângulo. Alguns alunos se confundem: a mediana é a bissetriz de um dos ângulos? Ou a reta que liga um vértice ao ponto médio do lado oposto? Como determinar o ponto médio: com régua graduada ou traçando a mediatriz com o compasso? E se fosse a bissetriz? Seria determinada com transferidor ou teria de ser por "aquele" processo?

Isso parece uma caricatura, mas assim era o Desenho na escola antiga. Confundia-se aprendizagem com memorização e procurava-se a exatidão sem considerar o uso de instrumentos baratos. O aluno tentava decorar a sequência do traçado sem compreender as razões. Não se cuidava de ensinar a pensar.

Outra deficiência no ensino de Desenho foi (espero que já não seja) a FALTA DE MOTIVAÇÃO. O matemático Herman Weyl dizia que "a Matemática tem o caráter não humano da luz estelar: brilhante e nítida, porém fria". O conceito pode estender-se também ao Desenho; pode o estudante apreciar uma disciplina fria e abstrata quando ele usa aqueles instrumentos grosseiros que teimam em escorregar de suas mãos?

Todos aceitamos o estudo da civilização grega e do Renascimento sem colocar em questão para que ou por quê. Na verdade, estuda-se o passado sem pensar no outro aspecto, o futuro. É importante saber que as alturas de um triângulo se encontram em um ponto? Dizem que isso será útil mais tarde. Pode ser, porém se trata de exceção; garanto. Eu trabalhei em Arquitetura por mais de quarenta anos e jamais precisei disso. Ainda que tal conhecimento seja útil em alguma circunstância, isto não é motivação; mais se assemelha a uma utopia.

A motivação tem de agradar e interessar ao aluno HOJE, agora. Dizer que este ou aquele traçado serão úteis na Engenharia ou Arquitetura pode levar o aluno a procurar uma profissão menos robotizada.

Dizer que o Desenho ou a Matemática é "treinamento para o espírito" pode ser falso. Treinar futebol não faz melhorar a natação. Mais: ninguém é treinado em modalidades de raciocínio; no máximo, exercita-se a memória. Outras maiores e melhores capacidades da mente são deixadas de lado: a intuição, o sentimento, a inteligência, a criatividade.

DESENHAR É BONITO

O Desenho serve como meio de expressão para o artista, mas nem todos são artistas e nem o artista necessita traçar mediatrizes. Por outro lado, muitos desenhos técnicos não apresentam beleza alguma: são secos e frios.

Do iniciante não se espera que encontre logo a beleza de um assunto novo. É o caso do estudante às voltas com a gramática inglesa: Shakespeare e Milton lhes parecerão uns chatos.

Há certamente valores estéticos no Desenho. Porém, duvido que jovens iniciantes possam apreciá-los em profundidade, tanto quanto duvido que uma criança sinta as nuances da gastronomia. Não será com os processos de retificação da circunferência que o estudante vai se impressionar com as proezas da mente humana; é mais provável que ele fique confuso com mais artifícios para memorizar.

O Desenho raras vezes deixou de ser um monte de problemas enfadonhos, inúteis, artificiais e abstratos. Esqueceram de mostrá-lo como representação da Natureza ou de produtos idealizados pelo homem. Não destacar a importância do Desenho é como ensinar a pauta musical sem tocar um instrumento; as notações musicais parecerão um conhecimento aborrecido, sem sentido e sem aplicação.

E os livros? Muitos eram insípidos, sem vida e sem imaginação. Foram impressos em máquinas e alguns, aparentemente, foram escritos por elas. Alguns eram coloridos e aí acaba sua originalidade. A inspiração de alguns autores expira no prefácio e o restante do livro limita-se a repetir processos de outros autores. Isso explica porque os livros de Desenho são tão parecidos entre si.

O ensino de Desenho padecia de defeitos: memorização de traçados, ausência de motivação, temas abstratos, textos mal redigidos. Tudo isto exigia uma reformulação, não a eliminação do currículo escolar.

O RETORNO DO DESENHO

Eliminado o Desenho do currículo escolar e do vestibular, os professores da área começaram um movimento pelo seu retorno. Simpósios, reuniões e abaixo-assinados resultaram inócuos. Pudera! Sequer foi estabelecida uma estratégia de ação. A fim de salvar as aparências, começou-se a discutir um novo currículo na suposição de que elaborado o documento, o Desenho voltaria à escola, talvez pela ação de uma fada com poderes maiores do que o ministro. Na pressa, ninguém cuidou de avaliar os programas antigos, de discutir a ação pedagógica, muito menos de localizar deficiências ou de aproveitar o que havia dado certo.

O que serviu de base para estas mudanças nunca se soube. Qual o objetivo do novo currículo é outra incógnita. Desenvolver desenhistas? De que tipo? Seria o preparo de futuros profissionais para ampla variedade de empregos? Existem professores habilitados? Pretende-se desenvolver uma habilidade manual, o raciocínio dedutivo, a criatividade gráfica, a compreensão geométrica, a expressão gráfica?

HISTÓRIAS DA HISTÓRIA

Como se desenvolveu o desenho? Nenhum currículo ou texto escolar cuida disto. Não interessa conhecer a História? Contudo o passado tem sido sempre bom elemento motivador. Por que ele tem sido esquecido? A arte pré-histórica é de mais alta categoria e, não por acaso, é **intuitiva.**

A intuição muitas vezes tem sido envolvida em misticismo, quando não em mistificação. A própria Psicologia considerou a intuição um parente pobre; as exceções confirmam a regra e não admira que o professor de Desenho desconheça quase tudo sobre intuição e criatividade.

Nem por isso o Desenho se desvincula da intuição. Uma figura geométrica ajuda a resolver problemas dedutivos em Matemática ou em Física. Foi a partir de figuras e imagens simples e intuitivas que Euclides estabeleceu toda uma estrutura lógica que 2.300 anos depois continua de pé.

Os números negativos foram introduzidos pelos indús em aproximadamente 600 D.C., mas, por falta de apoio intuitivo, Descartes, Fermat e outros recusaram operar com eles... mil anos depois! Os gregos usaram letras para representar números (os coeficientes da Álgebra), mas isso somente foi aceito no final do século XVI. Newton e Leibniz, criadores do cálculo diferencial, em seus escritos, opuseram-se ao excesso de precisão de seus críticos e D'Alembert, no século XVIII, recomendava aos estudantes de cálculo "persistir[em] até que a fé viesse a eles."

Quer dizer que a intuição é criadora e que a lógica vem depois, com suas demonstrações.

E O QUE O DESENHO TEM COM ISSO?

A experiência comprova que a apresentação de temas abstratos não deve ser feita logo nos primeiros passos. O ensino de Desenho deve acompanhar a História da Ciência; não se pode começar uma instrução com ideias mais gerais e formulações abstratas. A mente humana, em seu desenvolvimento, recapitula a História, indo do concreto para o abstrato. Convém insistir que as ideias (matemáticas ou não) surgem sob a forma de visão ou lampejo (*insight*) e passam por estágios antes de alcançar seu aspecto definitivo ou demonstração sistemática.

Nunca será demais frisar que as construções geométricas nasceram como resultado de muitas tentativas e esforços. O professor fica satisfeito ao mostrar a sequência correta de um traçado, porém o aluno, muitas vezes não compreende e limita-se a anotar e decorar. Nas Ciências, em Matemática e em Desenho o pesquisador começa a partir de sua imaginação (intuição) e prossegue indutivamente, usando processos heurísticos e recursos criadores. Portanto, é intelectualmente desonesto começar o ensino a partir de abordagem dedutiva, como se os resultados tivessem sido obtidos pela pura lógica.

As construções elementares da Geometria devem tornar-se familiares, de tal modo que o estudante não perceba que as está utilizando. É como a escova de dentes: a pessoa não tem consciência de seu uso, pois ela se torna hábito; por sinal, salutar. O pensamento racional deve ser deixado de lado para concentrar-se em ações mais importantes.

Muitos grandes matemáticos destacam que o ponto de partida no trabalho criativo é a intuição, vindo depois a experiência, a experimentação, a tentativa e erro ou acerto, o uso de analogias, os enganos. Inicialmente, a prova dedutiva exerce pouca função, se é que exerce. A lógica vem **depois** da descoberta e tem seu papel no controle ou na verificação posterior. Por isso, Einstein lembrou: "A imaginação é mais importante do que o conhecimento".

O ensino centrado na abordagem dedutiva esquece um aspecto importante: a criação; tal ensino destrói a vida e o espírito da natureza. Como disse um sábio professor: "A dedução é o último ato e, quando isso se realiza, o sujeito está pronto para o enterro".

Por que tamanha ênfase na lógica? Será tão essencial? Terá ela tanta dominância na vida cotidiana? Por acaso nossos problemas pessoais são resolvidos dedutivamente? Claro que não! Pascal dizia que "a razão é o método lento usado pelos que não compreendem a verdade, mas precisam descobri-la". E Samuel Johnson falou, certa vez: "encontrei um argumento para você, mas não sou obrigado a dar-lhe a compreensão."

O CAMPO DO DESENHO

Se o programa de Matemática ficasse restrito à Aritmética logo se levantariam vozes cobrando o estudo da Geometria, da Álgebra, da Trigonometria; com inteira razão, pois o estudo deve ser integrado de modo a apresentar a amplidão do campo cultural.

Não se entende, pois, o estudo de Desenho restrito a construções geométricas e avançando apenas até a representação espacial. Dessa forma, o lado técnico está presente, porém o lado cultural e o artístico ficam excluídos.

Do mesmo modo, não devem ser separadas a modelagem (volumetria) e sua expressão gráfica, pois ambas são componentes de uma unidade. Talvez por essa razão, a antiga escola desenvolvesse Trabalhos Manuais já no ensino fundamental ou primário.

Cabe lembrar que os atuais testes vocacionais (não me refiro aos dos vestibulares) baseiam-se na habilidade manual. Não é este o único aspecto dos testes, porém significa o reconhecimento científico de que a habilidade manual e a imaginação se juntam para dar nascimento à criatividade.

No gráfico abaixo, colocamos dois eixos ortogonais correspondentes às variáveis INTUIÇÃO e LÓGICA, e procuramos situar diversos tipos de expressão gráfica que vão dos devaneios/fantasia até a Geometria de n-dimensões.

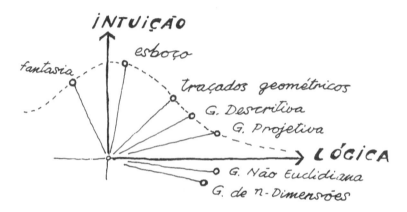

Não se pode alegar que a modelagem ou plástica exige materiais caros, oficinas e máquinas; nada disto é fundamental. A criatividade se apura com a utilização de material usado, sucata, qualquer coisa. Como instrumentos, bastam tesoura e faca, pregos e parafusos; acrescente-se cola de vários tipos e uma mesa. E, acima de tudo, inventividade, entusiasmo e imaginação. É desnecessário dizer que o professor deve conhecer a pedagogia da criatividade, acessível em livros e em cursos.

O desenho de observação – como esboço mais elaborado ou como croquis rápidos – corresponde a outro aspecto do ensino. Não se trata de pura criação, muito menos de cópias que a fotografia pode fazer melhor. O objetivo é ter uma visão pessoal, uma interpretação afetiva daquilo que está à vista ou foi memorizado. A expressão gráfica das formas tem uma componente artística e exige treinamento acerca de itens como claro/escuro, cor, materiais e textura, ritmo, forma.

Cuidado especial merece ser dedicado à apresentação e discussão de artistas consagrados. O professor insistirá bastante no fato de que os exemplos que apresenta são fruto de treinamento de dezenas de anos. Afinal, uma boa técnica de desenho ou de pintura exige treinamento severo e longo. Não se pode esperar que dos exercícios iniciais resultem obras de arte, mas trabalhos cuja expressão gráfica seja inteligível e agradável. É suficiente que o aluno termine o curso com a capacidade de riscar, sem maiores inibições e confiante em si.

Os traçados geométricos devem ter como principal objetivo a compreensão (pelo aluno) e a clareza (do desenho). O rigor do traçado deve ser deixado em plano secundário, já que os instrumentos são toscos e a coordenação motora é pouco treinada. Pouco adianta o rigor salvar a geometria e matar o aluno de tédio. Com a palavra, um físico e matemático famoso, Jean Perrin: "As tangentes às curvas regulares parecem não ser senão um exercício intelectual, engenhoso, sem dúvida, mas em definitivo, **artificial e estéril**, onde se acha metido até a loucura o desejo de um rigor perfeito".

O rigor costuma levar a uma massa enorme de terminologia, dentro de um vasto campo de assuntos, mas nele nada cultiva. Não será preferível concentrar esforços em uma área menor, em coisas mais próximas do mundo real? Sabemos todos, afinal, que a terminologia não substitui a **substância**. Lembrava Herman Weyl: "Parece ironia da criação que a mente do homem saiba como tratar melhor das coisas quanto mais longe elas estiverem de sua existência".

ABSTRAÇÃO SEM AÇÃO

Os problemas de classe podem ser sugeridos por fenômenos ou por situações do cotidiano. O Desenho, como a Matemática, desenvolveu-se de experiências no mundo físico; a Geometria surgiu de situações e figuras da natureza e do desejo de conhecer o espaço físico. A abstração pura pouco tem a dizer aos jovens que começam a estudar.

O tratamento puramente matemático do Desenho pode ser resultante do desconhecimento das Ciências e de sua história. O perfeito domínio da linguagem será inútil se o homem nada tem a dizer; é essencial, portanto, ligar o desenho ao mundo real, mostrando aplicações generalizadas e suas ligações com outros ramos do conhecimento.

Isolar os assuntos torna o Desenho sem sentido e sem atrativos. Há imensa variedade de profissões envolvidas com desenho, mas os livros pouco dizem. No entanto, o desenho é uma atividade natural do homem desde a infância em tempos imemoráveis.

É uma traição pedagógica colocar a abstração como primeiro estágio da aprendizagem, pois ela deve ser o último. Dizem que ela unifica, mas apenas aquilo que a pessoa já conhece; na verdade, não se pode ensinar abstração. Suponhamos uma correta definição biológica para cães; confrontado com um bassê e um cão dinamarquês, o estudante ficará confuso. Ele compreende a definição, mas não sabe aplicá-la.

TESTES E PROVAS

Que espécie de prova deve-se aplicar?

A compreensão dos conceitos não pode ser avaliada por meio de provas. Provas ou testes baseiam-se em questões para serem respondidas em tempo fixado. Um problema novo exige um tempo que não pode ser previsto corretamente; e, se o estudante erra, isto significa uma nota baixa.

Mesmo os problemas rotineiros, baseados em informações que foram dadas, exigem respostas rápidas; isso gera inibição, pânico ou nervosismo, que se soma ao medo de nota baixa, por sua vez ligado ao conceito moral de erro/acerto. Abstraído este aspecto, verifica-se que a **capacidade de memorizar** é que é posta à prova. O professor pode negá-lo, mas isso se comprova diante da proibição do uso de livros durante as provas; se as questões exigem raciocínio, a consulta aos livros não irá alterar o resultado.

Se o professor procura testar a inteligência do aluno, deve saber que pouco conhecemos dela e, menos ainda, como descobri-la. Poucos psicólogos estudam a inteligência e nunca se avaliou a importância dos testes nem a qualidade dos programas. O pior: raramente um currículo considera a pedagogia. Por acaso, alguém pesquisou quais são as dúvidas e perguntas dos alunos? Quais as suas necessidades em desenho? Não estão os programas pondo em plano secundário a aquisição de habilidades e, ao mesmo tempo, deixando de apresentar a ligação entre Desenho e outras disciplinas?

PROGRAMA

Para repor o Desenho na escola, convém não repetir os erros antigos e aproveitar todos os acertos do passado; é preciso dosar o conteúdo e a pedagogia. Evitar preparar um programa somente com aquilo que o desenho da atualidade faz.

Diretrizes propostas:
1. Abordagem indutiva: extrair de situações concretas o conceito apropriado. Generalizar da observação os fatos e argumentos intuitivos. A repetição mecânica de trivialidades não conduz a um modo de pensar. Provavelmente, a melhor maneira de guiar o crescimento mental é observar o desenvolvimento da pessoa: acompanhar sua linha principal e não os erros de detalhes. Isso conduz ao item seguinte.
2. A ligação com outras ciências: o Desenho separado da natureza, das ciências e das tecnologias perde muito de seu interesse e motivação. Desenho é linguagem aplicada a muitas atividades e pode ser seu instrumento essencial.
3. Desenhar: tudo e qualquer coisa, do fantástico ao real. A posse da informação não leva muito longe se não soubermos o que fazer ou como fazer.

4. Valor cultural: o Desenho deve atender às necessidades de todos os estudantes: do futuro matemático, do arquiteto, da dona de casa, do engenheiro. Fazer o programa para uma minoria de possíveis desenhistas é desperdício.
5. Abstração e rigor: cada um, em doses e lugares certos. Não valorizar sutilezas. O Desenho abrange uma variedade enorme de aplicações e cada pessoa tem gostos diferentes. Mas o Desenho pode sempre ser usado para representar e compreender o mundo que nos cerca. Dar ênfase ao ensino de abstração pode ser uma coisa como ver a moldura e não observar o quadro.

DESINTEGRAÇÃO

A desintegração do átomo é uma explosão pavorosa; a desintegração do ensino é sutil, mas não menos horrível. A falta de vitalidade da escola, a desconexão das disciplinas, o treinamento para o vestibular está nos levando a esquecer que a educação deve ser voltada para a **vida**!

Os alunos perguntam sempre: para que serve isso? Para que a geometria, a álgebra, a história, o resto? Quer dizer: estão todos presos a uma estrutura de utilitarismo (seria bom que não esquecessem a vida e como desfrutar de seu lado afetivo). Mas, dentro do ensino, as perguntas deles são válidas. Há muita coisa que não leva a nada, lembrando um filme sobre o passado; será que esqueceram o futuro e o hoje? Destrói-se a própria educação ao desperdiçar horas e horas com ideias que ficam no ar, sem qualquer ligação com pensamentos de indivíduo algum. A disposição para a aprendizagem é substituída por enfado, por uma rotina tola. Não é certamente para isso que o Desenho deve retornar ao currículo escolar.

Devemos nos ocupar em compreender a Natureza, conhecê-la e representá-la; assim foi em todos os tempos. Vejam a vida dos grandes cientistas: Newton desenhava esquemas dos movimentos dos planetas, Da Vinci desenhou rostos, músculos, aves e invenções, Gauss fez levantamentos estatísticos. Eles pensaram e desenharam; estudaram conhecimentos **para serem utilizados**.

O Desenho não pode se voltar para si próprio, autoalimentando-se; tampouco deve voltar-se para uma só aplicação específica, seja qual for. O mundo físico é o campo de Desenho; mas é preciso captar a imaginação do aluno ou não haverá entusiasmo. E a natureza está cheia de exemplos, de amostras e de problemas para serem desenhados.

Uma aula deve fornecer material atraente e que alimente pensamentos. Concentrar-se no aspecto de traçados e sua repetição não leva a solucionar, a criar e nem a formular problemas. Vale muito mais **interessar os estudantes em aprender** do que habilitá-los em algum traçado. A psicologia da aprendizagem é uma arte muito difícil. E pouco ensinada.

Já que falamos de arte, a arte de escrever é pouco cultivada. Por isso existem tantos livros monótonos cuja principal preocupação é serem corretos. Falta-lhes, no entanto, um estilo vivo, assuntos que despertem interesse, que mostrem ao estudante para onde está indo, por que e para que. A maioria não faz distinção alguma entre sequência lógica e psicológica e, em muitos deles, falta motivação.

O professor das escolas de 1º e 2º graus certamente não tem tempo para atualizar-se no desenho de hoje ou conhecer as pesquisas sobre processos de aprendizagem e sequer possui meios de obter tais informações. Não existe um órgão capaz de agrupar, de traduzir e repassar conhecimentos atualizados, nem mesmo uma revista como as de educação ou de matemática.

Até mesmo a escolha dos assuntos não passa pela crítica dos professores de colégios. Eles são recopiados de livro para livro e os programas são preparados ora por burocratas ora por professores das universidades, não pelos que ensinam.

A escolha dos assuntos com vistas à utilização futura em vestibulares não é menos do que uma tragédia. Sabemos, também, que poucos são os que se tornarão desenhistas no futuro; assim, a especialização não deve ocorrer antes de serem conhecidos outros assuntos.

OS USOS DO DESENHO

O Desenho pode ser uma chave para interpretar o mundo físico. Dá-nos a compreensão da natureza ou a visão para sondar os segredos dela. Permite aos pintores seu trabalho e forneceu a análise dos sons para o planejamento do telefone e do rádio, assim como a base para a decomposição da imagem na televisão. É valioso auxiliar na pesquisa biológica e médica. Permite visualizar idéias e teorias. O desenho é indispensável em nossa tecnologia.

Deve-se ensinar tudo isso nos colégios, e fazer com que o desenho sirva de **ponte de ligação** entre todas as disciplinas: geografia, história, matemática, física, biologia e outras. O aspecto cultural do desenho, seu relacionamento com outros interesses humanos, serve de motivação, tanto quanto suas aplicações, e oferece material de leitura e discussão capaz de dar vida às aulas.

Um tópico de desenho bem motivado pode ter tanta atração emocional como a música. O professor criativo tem de procurar essa motivação em outra disciplina, não no próprio desenho. A motivação natural está em problemas reais, nos objetos criados pelo homem, nas coisas da natureza.

O professor comumente recebe um programa já traçado. Dispõe de pouco tempo para o preparo do material e de ainda menos tempo para apresentá-lo. E motivação pode ocupar muito tempo. É um erro dispensar a motivação; ela deve ser apresentada junto com o assunto a ensinar. Se um assunto tem valor, o estudante deve ter capacidade para apreciar imediatamente sua importância e não ter fé de que no futuro entenderá seu valor.

Motivação legítima é a que interessa ao estudante. Se quebra-cabeças, jogos ou outros recursos servem em determinados momentos, eles devem ser utilizados, desde que não se tornem a principal fonte de motivação. Na verdade, há falta de problemas motivadores e significativos para o estudante.

Como exemplo: o estudo da parábola como uma curva é um simples problema de lugar geométrico. Mas deve ser acompanhado de suas aplicações em faróis, lanternas, lâmpadas, antenas de televisão e de rádio, balística, jatos d'água, foguetes e naves espaciais, cometas. Negligenciar motivação é apresentar uma estrutura, o esqueleto sem a carne.

Plutarco dizia que "a mente não é uma vasilha para ser enchida, porém um fogo para se atear". O que acende esse fogo é a motivação.

Uma abordagem construtiva é recomendável; assegura compreensão e ensina a pensar independente e produtivamente. Mas ensinar descobertas é tarefa bem complexa. Requer do estudante intuição, tentativa e erro, generalização, ligação do que se procura com o que se conhece, o sentido geométrico da álgebra, medições e outros recursos. A dificuldade reside em preparar perguntas que conduzam gradativamente à conclusão desejada. As perguntas devem ser razoáveis e ao alcance da maioria dos alunos, do contrário geram frustração e desinteresse, em vez de fazer o estudante confiar em sua própria força.

Os livros dão os resultados certos em poucas linhas, mas esquecem de dizer que as soluções, muitas vezes, resultaram de anos de esforços de muitas pessoas e que o raciocínio direto e sem erros não só é muito raro, mas também muito difícil. Um bom problema deve dar margem ao prazer da descoberta, à criação da autoconfiança, à sensação da dificuldade de descobrir a resposta certa, trazendo a euforia da descoberta.

Outra decorrência do mau texto é apresentar o assunto como pronto e acabado, definitivo; nada pode ser tão falso na ciência! A ciência é uma busca eterna de aproximação maior com a verdade. A ciência, como a vida, é um processo contínuo de transformação e de mudança.

Antecipar os resultados finais leva à memorização. Se queremos que o estudante pense (e não apenas conheça), precisamos deixar que procure os resultados, ainda que por caminhos errados ou longos. Forçá-los a aceitar os fatos é como arrumar coisas dentro de uma caixa; isso não é ensino e embota o espírito; torna-o conformado, ao invés de aguçá-lo. O professor planta a semente e a cultiva; não deve apresentar os frutos, mas fazer os estudantes desejarem procurá-los.

Ensinar a pensar é bem diferente de ouvir e de seguir o guia. Decorar definições e processos e aplicá-los em provas pode significar que o material está além das pessoas ou que a pedagogia ficou para trás.

A sociedade e o ensino criaram o complexo do erro como o oposto do sucesso. Começou errado, pois o sucesso pode ser o resultado da aprendizagem com os erros e da persistência em corrigi-los. Cometer erros é aprendizagem, desde que se verifique o resultado. Se tivesse medo de errar, você nunca teria aprendido a andar. Enfim, como disse o matemático Piet Hein:

A via da sabedoria,
> A verdadeira via,
>> É fácil de indicar:
>>> Errar, errar, errar,
>>>> Fazer erros grandes e pequenos,
>>>>> Mas sempre menos, sempre menos.

PARA ENCERRAR

1. Apresentar exemplos concretos e não apenas conceitos abstratos. Piaget e Whitehead diziam que o conhecimento vem com a experiência. Não importa a definição de um polígono, contanto que se possa reconhecê-lo e trabalhar com ele.
2. Não multiplicar a terminologia. Verbalização vem depois da compreensão.
3. O treinamento de professores é vital. Deve-se estudar a pedagogia e lembrar que o educador vai além do professor: pesquisadores sem visão são menos necessários do que professores com erudição e visão educacional. Um recado para os cursos de mestrado: a amplitude é mais importante do que a profundidade; o curso e a instituição não se apequenam por treinar professores para colégios.
4. O uso e os alcances culturais do Desenho implicam no estudo de Ciências. Se a matéria é importante, o professor de desenho precisa ter **total convicção**.
5. Um bom professor é melhor do que dez programas.
6. O uso e preparo de modelos e maquetes é de grande valor pedagógico.
7. A **INTUIÇÃO** É **ESSENCIAL**! A dedução é o passo final; "a lógica meramente sanciona as descobertas da intuição", disse Jacques Hadamard.
8. Mais uma citação; é a vez do filósofo Arthur Schopenhauer: "No que concerne à compreensão, o uso da lógica em vez da intuição importa em decepar a própria perna para andar de muletas".

Nós precisamos de pernas para correr e recuperar o tempo perdido!

O que você não pode sentir caminha milhas à sua frente.
O que você não entende, você perde inteiramente.
O que você não calcula, você pensa não ser verdade.
>> (Goethe – Mefistófeles)

LEITURA RECOMENDADA
Além dos livros citados no texto indico:

a) Com problemas interessantes
   1. Celso Wilmer – *Geometria para Desenho Industrial* – Editora Interciência.
   2. Frede Altenidiker – *El Dibujo em Proyeción Diédrica* – Editora Gustavo Gili.

b) Sobre inteligência, mente, etc.
   1. Robert J. Sternberg – *The Triarchic Mind* – Editora Viking.
   2. Richard Skemp – *The Psychology of Learning Mathematics* – Editora Penguin Books.

c) Para o estudo dedutivo da GD em nível médio:
   1. Álvaro José Rodrigues – *Geometria Descritiva* (2 volumes) (esgotado).
   2. *Perspectiva Paralela* (esgotado), do mesmo autor.

AGRADECIMENTOS
O incentivo para iniciar este livro veio de pessoas que me deram apoio numa daquelas quedas que todo ser humano leva, uma ou várias vezes na vida: Regina Kopke, da Universidade Federal de Juiz de Fora, Minas Gerais (que tem uma bela experiência em autoavaliação), Marie Claire R. Póla, da Universidade Estadual de Londrina, Paraná (que ensina com jogos e construção de modelos) e Niepce C. Silveira da Universidade Federal de Pernambuco (que leu o livro em elaboração e me livrou de escrever algumas besteiras, mas não todas). A vocês e a todos os que me ajudaram, um grande e sincero "MUITO OBRIGADO"!

Sobre o autor

Gildo Azevedo Montenegro foi professor nos cursos de Arquitetura e de Design na Universidade Federal de Pernambuco e ministrou cursos em dez estados brasileiros. Graduou-se em Arquitetura e fez especialização em Expressão Gráfica. Tem trabalhos publicados em jornais, congressos científicos e revistas técnicas do Brasil e de Portugal. Sua linha atual de estudos envolve aprendizagem, intuição, criatividade e inteligência. Em 2015 fez parte do Comitê Científico do Geometrias & Graphica 2015, realizado em Portugal, e recebeu da Universidade Maurício de Nassau a Comenda Maurício de Nassau por serviços prestados em prol da ciência, da tecnologia e do ensino. Nasceu na Paraíba e reside no Recife com a esposa e uma filha; dois filhos moram fora de casa e outra filha reside no exterior.